21世纪高等学校规划教材｜电子信息

北京市高等教育精品教材立项项目

TMS320C54系列 DSP原理与应用

张永祥 宋宇 袁慧梅 编著

清华大学出版社
北京

内容简介

本书由浅入深,全面而又系统地介绍了基于 C/C++语言的 TI 公司 TMS320C54x 系列定点 DSP 芯片的基本原理、开发和应用。首先介绍了 DSP 芯片在不同领域的广泛应用,以及定点和浮点 DSP 处理中的一些关键问题;其次详细介绍了 TMS320C54x DSP 的硬件结构、工作原理、汇编指令、C/C++语言、集成开发工具 CCS(Code Composer Studio),以及各种硬件接口电路设计开发实例;最后,以瑞泰公司 TMS320VC5416 为核心的通用 DSP 实验系统(ICETEK-VC5416 A-S60)为例,给出它在 C/C++语言基础上实现 FIR 和 IIR 滤波器、FFT 等应用中的编程使用方法和步骤,为开发 DSP 系统奠定了使用基础。

本书内容全面、实例丰富,既可作为高等院校电子信息工程、通信工程、自动化等专业的研究生和高年级本科生学习的教材和参考书,也可供从事 DSP 芯片开发与应用的广大工程技术人员参考。

图书在版编目(CIP)数据

TMS320C54 系列 DSP 原理与应用/张永祥,宋宇,袁慧梅编著. —北京:清华大学出版社,2012.1
(2021.7 重印)
(21 世纪高等学校规划教材·电子信息)
ISBN 978-7-302-27682-1

Ⅰ. ①T… Ⅱ. ①张… ②宋… ③袁… Ⅲ. ①数字信号处理—高等学校—教材
Ⅳ. ①TN911.72

中国版本图书馆 CIP 数据核字(2011)第 267903 号

责任编辑:梁 颖 薛 阳
责任校对:焦丽丽
责任印制:杨 艳

出版发行:清华大学出版社
    网   址:http://www.tup.com.cn,http://www.wqbook.com
    地   址:北京清华大学学研大厦 A 座   邮   编:100084
    社 总 机:010-62770175   邮   购:010-83470235
    投稿与读者服务:010-62776969,c-service@tup.tsinghua.edu.cn
    质量反馈:010-62772015,zhiliang@tup.tsinghua.edu.cn
    课件下载:http://www.tup.com.cn,010-83470236
印 装 者:三河市龙大印装有限公司
经   销:全国新华书店
开   本:185mm×260mm   印   张:13.75   字   数:311 千字
版   次:2012 年 1 月第 1 版   印   次:2021 年 7 月第 8 次印刷
印   数:7401~7900
定   价:39.80 元

产品编号:036788-02

编审委员会成员

出 版 说 明

　　随着我国改革开放的进一步深化,高等教育也得到了快速发展,各地高校紧密结合地方经济建设发展需要,科学运用市场调节机制,加大了使用信息科学等现代科学技术提升、改造传统学科专业的投入力度,通过教育改革合理调整和配置了教育资源,优化了传统学科专业,积极为地方经济建设输送人才,为我国经济社会的快速、健康和可持续发展以及高等教育自身的改革发展做出了巨大贡献。但是,高等教育质量还需要进一步提高以适应经济社会发展的需要,不少高校的专业设置和结构不尽合理,教师队伍整体素质亟待提高,人才培养模式、教学内容和方法需要进一步转变,学生的实践能力和创新精神亟待加强。

　　教育部一直十分重视高等教育质量工作。2007 年 1 月,教育部下发了《关于实施高等学校本科教学质量与教学改革工程的意见》,计划实施"高等学校本科教学质量与教学改革工程"(简称"质量工程"),通过专业结构调整、课程教材建设、实践教学改革、教学团队建设等多项内容,进一步深化高等学校教学改革,提高人才培养的能力和水平,更好地满足经济社会发展对高素质人才的需要。在贯彻和落实教育部"质量工程"的过程中,各地高校发挥师资力量强、办学经验丰富、教学资源充裕等优势,对其特色专业及特色课程(群)加以规划、整理和总结,更新教学内容、改革课程体系,建设了一大批内容新、体系新、方法新、手段新的特色课程。在此基础上,经教育部相关教学指导委员会专家的指导和建议,清华大学出版社在多个领域精选各高校的特色课程,分别规划出版系列教材,以配合"质量工程"的实施,满足各高校教学质量和教学改革的需要。

　　为了深入贯彻落实教育部《关于加强高等学校本科教学工作,提高教学质量的若干意见》精神,紧密配合教育部已经启动的"高等学校教学质量与教学改革工程精品课程建设工作",在有关专家、教授的倡议和有关部门的大力支持下,我们组织并成立了"清华大学出版社教材编审委员会"(以下简称"编委会"),旨在配合教育部制定精品课程教材的出版规划,讨论并实施精品课程教材的编写与出版工作。"编委会"成员皆来自全国各类高等学校教学与科研第一线的骨干教师,其中许多教师为各校相关院、系主管教学的院长或系主任。

　　按照教育部的要求,"编委会"一致认为,精品课程的建设工作从开始就要坚持高标准、严要求,处于一个比较高的起点上。精品课程教材应该能够反映各高校教学改革与课程建设的需要,要有特色风格、有创新性(新体系、新内容、新手段、新思路,教材的内容体系有较高的科学创新、技术创新和理念创新的含量)、先进性(对原有的学科体系有实质性的改革和发展,顺应并符合 21 世纪教学发展的规律,代表并引领课程发展的趋势和方向)、示范性(教材所体现的课程体系具有较广泛的辐射性和示范性)和一定的前瞻性。教材由个人申报或各校推荐(通过所在高校的"编委会"成员推荐),经"编委会"认真评审,最后由清华大学出版社审定出版。

目前,针对计算机类和电子信息类相关专业成立了两个"编委会",即"清华大学出版社计算机教材编审委员会"和"清华大学出版社电子信息教材编审委员会"。推出的特色精品教材包括:

(1) 21 世纪高等学校规划教材·计算机应用——高等学校各类专业,特别是非计算机专业的计算机应用类教材。

(2) 21 世纪高等学校规划教材·计算机科学与技术——高等学校计算机相关专业的教材。

(3) 21 世纪高等学校规划教材·电子信息——高等学校电子信息相关专业的教材。

(4) 21 世纪高等学校规划教材·软件工程——高等学校软件工程相关专业的教材。

(5) 21 世纪高等学校规划教材·信息管理与信息系统。

(6) 21 世纪高等学校规划教材·财经管理与应用。

(7) 21 世纪高等学校规划教材·电子商务。

(8) 21 世纪高等学校规划教材·物联网。

清华大学出版社经过三十多年的努力,在教材尤其是计算机和电子信息类专业教材出版方面树立了权威品牌,为我国的高等教育事业做出了重要贡献。清华版教材形成了技术准确、内容严谨的独特风格,这种风格将延续并反映在特色精品教材的建设中。

清华大学出版社教材编审委员会

联系人:魏江江

E-mail:weijj@tup.tsinghua.edu.cn

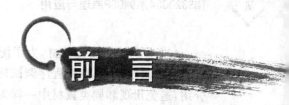前　言

随着计算机和信息技术的发展,当今社会已经进入一个数字化的时代,数字信号处理技术已经渗透到生活的每一个角落。如数码相机、虚拟现实系统、数字无绳电话、VCD/DVD、数字高清电视、无线网络等。无数的产品都采用了数字信号处理器(Digital Signal Processor,DSP),它由于采用了改进的哈佛结构(Harvard),具有专门的硬件乘法器,广泛采用流水线操作,提供特殊的DSP指令,从而为数字信号处理的实际应用开辟了一条简便而高效的途径。因此,开发和应用DSP越来越成为当今科学和社会发展的需要。

目前DSP芯片的主要供应商包括美国的得州仪器(TI)公司、AD公司、Motorola公司等,其中,TI公司的DSP芯片已经占据了世界DSP芯片市场的近50%,在国内也被广泛采用,因此,本书在开发应用部分主要以TI公司的TMS320C54x DSP为例进行介绍。

本书共分8章,第1章是DSP芯片基础,首先对数字信号处理的系统组成和实现的方法以及它的特点作了概述,然后对DSP芯片的分类、特点、发展和应用作了详细介绍,最后介绍了定点DSP数据处理中的定标和运算问题。第2章对DSP芯片的代码调试器(Code Composer Studio, CCS)集成开发环境的基本原理和使用方法作了详细介绍,并给出了具体实例。第3章重点介绍了TMS320C54x系列DSP芯片的硬件结构。第4章和第5章详细介绍了该系列芯片的寻址方式和汇编语言程序设计,并给出了具体实例。第6章对DSP芯片的C/C++语言开发进行了详细的介绍,第7章介绍了DSP芯片的最小硬件系统设计,对常用的复位电路和时钟电路以及电源电路作了详细介绍,并对外部扩展存储器的接口设计和Flash擦写以及Bootloader的引导进行了讨论。第8章介绍了TMS320C54x DSP芯片的应用设计,以瑞泰公司的ICETEK-VC5416 A-S60实验箱为硬件平台,以基于C/C++开发语言的完整程序实例详细地说明了定时器、FIR、IIR、交通灯在TMS320VC5416 DSP芯片中的应用。为了对每一章的学习作一个自我测试,每章后面都有习题,这些习题既是强调本章内容的重要知识点,也是对本章内容的升华和提高。

该书的特色体现在以下几点。

(1) 强调理论与实例相结合。通过完整的应用实例学习,学生能由浅入深地掌握TMS320C54x系列DSP的基本原理、系统组成和软、硬件开发过程。

(2) 加强了C/C++程序设计的内容介绍。同类教材中一般只有汇编语言部分的详细介绍,而在实例中却往往采用C/C++语言来实现,使得学生前面学汇编,后面的实例中却只能用C/C++,前后有点脱节。

(3) 作为一本高校教材,为了配合 DSP 实验教学的同步进行,解决实验教师和任课教师的教学冲突,特将程序调试环境的介绍提到了前面,并加大了这部分内容的详细介绍,避免出现和同类教材中一样先介绍芯片内部资源,再介绍指令系统,然后再介绍开发环境的弊端,省去了任课教师不得不调整教学内容顺序、重新修改教学日历等诸多麻烦。

该教材实例丰富完整,可以避免出现学习者在将书中的实例照搬到实验中时出现仍然调试不出来的尴尬情况。

第 1～2 章、第 6～8 章及附录部分由张永祥编写,第 3～5 章由宋宇编写。在编写的过程中,本科生魏晨等帮助进行资料的搜集整理工作,研究生卢言和栾中完成了书中DSP 语言程序的编译和调试工作。编者在编写本书的过程中参考了不少专家和学者的著作和文章,得到了首都师范大学信息工程学院关永院长及院领导给予的大力支持,以及北京瑞泰创新科技有限责任公司、清华大学出版社梁颖的积极帮助,在此深表谢意。

本书是编者在 DSP 实践教学过程中的一个小小总结,若读者也对 DSP 芯片的开发和应用感兴趣,可以通过 Email(zhang000413@163.com)与作者交流。

由于编者水平有限,书中难免有误,请读者不吝指正。

编　者

2011 年 11 月

目 录

第1章　绪论 ……………………………………………………………………… 1

1.1　数字信号处理概述 …………………………………………………………… 1

1.1.1　数字信号处理系统的组成 …………………………………………… 1

1.1.2　数字信号处理的实现 ………………………………………………… 2

1.1.3　数字信号处理的特点 ………………………………………………… 2

1.2　数字信号处理器概述 ………………………………………………………… 3

1.2.1　DSP 芯片的分类 ……………………………………………………… 3

1.2.2　DSP 芯片的特点 ……………………………………………………… 4

1.2.3　DSP 芯片的发展 ……………………………………………………… 6

1.2.4　DSP 芯片的应用 ……………………………………………………… 7

1.3　DSP 芯片运算基础 …………………………………………………………… 8

1.3.1　数的定标 ………………………………………………………………… 8

1.3.2　数的运算 ………………………………………………………………… 11

1.4　小结 …………………………………………………………………………… 13

习题1 ………………………………………………………………………………… 13

第2章　CCS 集成开发环境的特征及应用 ………………………………… 15

2.1　CCS 概述 ……………………………………………………………………… 15

2.1.1　CCS 的发展 …………………………………………………………… 15

2.1.2　代码生成工具 ………………………………………………………… 16

2.1.3　实时数据交换和硬件仿真 …………………………………………… 18

2.2　CCS　软件安装与设置 ……………………………………………………… 19

2.2.1　CCS 软件安装 ………………………………………………………… 19

2.2.2　CCS 软件设置 ………………………………………………………… 21

2.2.3　ICETEK-VC5416 A-S60 的配置和使用 …………………………… 25

2.3　CCS 集成开发环境的使用 …………………………………………………… 28

2.3.1　主要菜单及功能介绍 ………………………………………………… 28

2.3.2　工作窗口区介绍 ……………………………………………………… 35

2.4　GEL 语言的使用 ……………………………………………………………… 38

2.4.1　GEL 函数的定义 ……………………………………………………… 39

      2.4.2 调用 GEL 函数 ……………………………………………… 39

      2.4.3 将 GEL 函数添加到 GEL 菜单中 ……………………………… 40

  2.5 开发一个简单的 DSP 应用程序 ………………………………………… 41

      2.5.1 创建一个新的工程 ………………………………………… 41

      2.5.2 将文件添到该工程中 ……………………………………… 42

      2.5.3 编译链接和运行程序 ……………………………………… 43

      2.5.4 调试程序 …………………………………………………… 44

  2.6 小结 ……………………………………………………………………… 45

  习题 2 ……………………………………………………………………… 45

第 3 章   TMS320C54x 系列 DSP 硬件结构 ……………………………… 46

  3.1 TMS320C54x DSP 的特点与基本结构 ………………………………… 46

      3.1.1 TMS320C54x DSP 的基本结构 …………………………… 47

      3.1.2 TMS320C54x DSP 的主要特点 …………………………… 47

  3.2 TMS320C54x DSP 的总线结构 ………………………………………… 49

  3.3 TMS320C54x DSP 的 CPU 结构 ……………………………………… 50

      3.3.1 算术逻辑运算单元 ………………………………………… 50

      3.3.2 累加器 ……………………………………………………… 51

      3.3.3 移位寄存器 ………………………………………………… 52

      3.3.4 乘累加单元 ………………………………………………… 52

      3.3.5 比较选择存储单元 ………………………………………… 53

      3.3.6 指数编码器 ………………………………………………… 54

      3.3.7 CPU 状态控制寄存器 ……………………………………… 54

      3.3.8 寻址单元 …………………………………………………… 57

  3.4 TMS320C54x DSP 的存储器结构 ……………………………………… 58

      3.4.1 存储器空间 ………………………………………………… 59

      3.4.2 程序存储器 ………………………………………………… 61

      3.4.3 数据存储器 ………………………………………………… 63

      3.4.4 I/O 存储器 ………………………………………………… 64

  3.5 TMS320C54x DSP 的片内外设 ………………………………………… 65

      3.5.1 中断系统 …………………………………………………… 65

      3.5.2 定时器 ……………………………………………………… 69

      3.5.3 主机接口 …………………………………………………… 71

      3.5.4 串行口 ……………………………………………………… 72

      3.5.5 外部总线结构 ……………………………………………… 73

  3.6 小结 ……………………………………………………………………… 76

  习题 3 ……………………………………………………………………… 76

第 4 章　TMS320C54x 的数据寻址方式 ················· 77

4.1　立即寻址 ················· 78

4.2　绝对寻址 ················· 79

　　4.2.1　数据存储器寻址 ················· 79

　　4.2.2　程序存储器寻址 ················· 80

　　4.2.3　端口地址寻址 ················· 80

　　4.2.4　长立即数寻址 ················· 80

4.3　累加器寻址 ················· 81

4.4　直接寻址 ················· 81

4.5　间接寻址 ················· 82

　　4.5.1　单操作数寻址 ················· 82

　　4.5.2　双操作数寻址 ················· 84

4.6　存储器映射寄存器寻址 ················· 85

4.7　堆栈寻址 ················· 86

4.8　小结 ················· 86

习题 4 ················· 86

第 5 章　TMS320C54x DSP 的汇编语言程序设计 ················· 88

5.1　汇编语言程序编写方法 ················· 88

　　5.1.1　汇编语言源程序格式 ················· 88

　　5.1.2　汇编语言中的常数和字符串 ················· 89

　　5.1.3　汇编源程序中的符号 ················· 90

5.2　汇编语言的指令系统 ················· 91

　　5.2.1　指令系统中的符号和缩写 ················· 92

　　5.2.2　算术运算指令 ················· 95

　　5.2.3　逻辑运算指令 ················· 102

　　5.2.4　程序控制指令 ················· 106

　　5.2.5　加载和存储指令 ················· 110

5.3　TMS320C54x DSP 汇编语言的编辑、汇编与链接过程 ················· 116

5.4　汇编器 ················· 119

　　5.4.1　公共目标文件格式——COFF ················· 119

　　5.4.2　COFF 文件中的符号 ················· 119

　　5.4.3　常用汇编伪指令 ················· 120

　　5.4.4　汇编器对段的处理 ················· 126

5.5　链接器 ················· 126

　　5.5.1　链接器对段的处理 ················· 127

5.5.2　链接器命令文件的编写与使用 ·············· 128

5.5.3　程序重定位 ························· 129

5.6　小结 ······························· 129

习题 5 ·································· 130

第 6 章　TMS320C54x DSP 的 C/C++ 程序设计 ·············· 131

6.1　C/C++程序设计基础 ····················· 131

6.1.1　面向 DSP 的程序设计原则 ·············· 131

6.1.2　C/C++语言数据类型 ················· 131

6.1.3　C/C++语言程序结构 ················· 132

6.1.4　C/C++语言函数 ··················· 132

6.1.5　C/C++的 DSP 访问规则 ··············· 139

6.2　程序设计示例 ························· 141

6.2.1　电路设计与功能 ··················· 141

6.2.2　代码分析 ····················· 143

6.2.3　程序源代码 ···················· 144

6.3　C 语言和汇编语言混合编程 ·················· 145

6.3.1　独立的 C 模块和汇编模块接口 ············· 146

6.3.2　从 C 程序中访问汇编程序变量 ············· 148

6.3.3　在 C 程序中直接嵌入汇编语句 ············· 150

6.4　小结 ····························· 151

习题 6 ································· 151

第 7 章　TMS320C54x DSP 芯片最小硬件系统设计 ············ 152

7.1　TMS320C54x DSP 系统的基本硬件设计 ············· 152

7.1.1　复位电路 ····················· 152

7.1.2　时钟电路 ····················· 154

7.1.3　电源电路 ····················· 157

7.2　存储器接口设计 ······················ 158

7.2.1　RAM 接口设计 ··················· 159

7.2.2　Flash 接口设计 ··················· 160

7.3　Flash 擦写 ·························· 161

7.4　Bootloader 设计 ······················· 162

7.4.1　Bootloader 的过程 ················· 162

7.4.2　Bootloader 的实现 ················· 167

7.5　小结 ····························· 168

习题 7 ································· 169

第 8 章　TMS320C54x DSP 芯片应用设计 ………………………………………… 170

8.1　定时器在 ICETEK-VC5416 A-S60 上的设计实例 ……………………… 170

8.2　FIR 在 ICETEK-VC5416 A-S60 DSP 上的设计实例 …………………… 174

8.3　IIR 在 ICETEK-VC5416 A-S60 上的设计实例 ………………………… 181

8.4　交通灯在 ICETEK-VC5416 A-S60 上的设计实例 ……………………… 185

　　8.4.1　系统构成 ……………………………………………………………… 185

　　8.4.2　系统软硬件设计 ……………………………………………………… 186

　　8.4.3　系统调试 ……………………………………………………………… 197

8.5　小结 ……………………………………………………………………… 199

习题 8 …………………………………………………………………………… 199

附录 A ………………………………………………………………………………… 200

参考文献 ……………………………………………………………………………… 206

第1章

绪论

　　本章分为三部分,首先介绍数字信号处理的概念和特点、数字信号处理系统的组成及实现;然后介绍 DSP 芯片的分类、特点、发展和它在各个领域中的应用;通过这部分的学习,可以使读者对 DSP 芯片的整体轮廓有一个清晰的把握;最后重点介绍 DSP 芯片的运算基础,使读者熟悉定点 DSP 芯片的数值运算,为后面学习 FIR,IIR 及 FFT 的 DSP 实现奠定基础。

1.1　数字信号处理概述

　　数字信号处理(Digital Signal Processing,DSP)是一个发展极为迅速的科学技术领域。在 20 世纪六七十年代,它先后经历了数字滤波理论、信号的傅里叶变换、卷积和相关的快速计算的发展阶段,其后受到计算机技术、微电子技术迅猛发展的促进,这些理论和技术将数字信号处理技术的发展推向了高潮。

1.1.1　数字信号处理系统的组成

　　图 1.1 是一个典型的数字信号处理系统简化框图。

输入连续信号 → A/D 转换器 → DSP 芯片处理 → D/A 转换器 → 输出信号

图 1.1　数字信号处理系统简化框图

　　图中的输入信号可以有各种各样的表现形式,例如:语音、视频、光强、流速、转矩、电信号等信号。该框图的工作流程如下:首先将输入的信号通过一个 A/D(Analog to Digital)转换器,它对连续信号进行带限滤波、采样保持和编码,将连续信号转换为数字信号,在转换的过程中需要注意的是,为了使转换后的信号能够无失真地还原出原来的输入信号,根据奈奎斯特抽样定理,抽样频率至少必须是输入带限信号最高频率的 2 倍。而带限滤波的作用就是使信号成为真止的有限频带信号。这样最低采样频率的选取才有依据,从而也才能避免混叠失真。DSP 芯片对转换后的数字信号进行各种算法处理;处理后的数字信号根据需要再经 D/A(Digital to Analog)转换器,对数字信号进行解码、低通滤波,就可得到所需的模拟信号。

需要指出的是,该系统是一个典型的数字信号处理系统,有的系统并不一定非要进行 D/A 转换,直接将数字信号输出即可。

1.1.2　数字信号处理的实现

数字信号处理的实现,一般有以下几种方法。

- 在通用的计算机上用软件实现。
- 在通用的计算机系统中加上专用的加速卡来实现:加速卡可以是专用的加速处理机,也可以是用户开发的 DSP 加速卡。
- 用单片机(如 Aduc812,AT89C51 等)来实现:单片机具有结构简单,接口性能比较良好的优点;但乘法运算速度慢,只能用在数据运算量较小的场合。
- 用通用的可编程 DSP 芯片来实现:与单片机相比,DSP 有着更适合进行数字信号处理的优点,如采用了改进的哈佛结构、硬件乘法器、流水线技术等,从而可以用于海量数据运算处理。
- 用特殊用途的 DSP 芯片来实现:在一些特殊的场合,要求信号处理的速度极高,用通用 DSP 芯片很难实现。这种芯片将相应的滤波算法在芯片内部用硬件实现,无须进行编程。如美国 INMOS 公司的 IMSA100 芯片,可以直接完成FIR、FFT、卷积、相关等算法。不需要用户进行再编程实现该算法。
- 用可编程阵列器件 FPGA 实现:目前常用的可编程阵列器件 FPGA 主要是Altera,Xilinx,Lattice 公司的产品,如(Altera 公司的低成本 Cyclone Ⅱ 系列和Xilinx 公司最新推出的 Virtex-5 系列,采用了业界最先进的 65 纳米(nm)工艺)。

在上述各种实现方法中,第 1 种方法的缺点是硬件设备体积较大、运算速度较慢,在一些对系统空间要求较为严格的场合无法安装,以及在一些要求实时性较高的场合很难实现,常用于数据算法的模拟和仿真。第 2 种方法虽然运算速度有所提升,但设备体积大依然是一较大问题。第 3 种方法由于不适合复杂的数字信号处理系统,应用场合受到限制。第 5 种方法专用性较强,应用场合也同样受到限制。第 6 种方法也是目前数字信号处理实现的一种主要方法,在消费类和汽车电子领域占有主要的市场份额;但它也主要是作为协处理器。只有第 4 种方法才为数字信号处理的应用打开了新的局面。笔者认为将 FPGA 与 DSP 相结合将是未来的重要发展方向之一。而本书主要讲述 DSP 设计与开发并且将主要围绕第 4 种方法进行介绍。

1.1.3　数字信号处理的特点

数字信号处理系统具有以下一些明显的优点。

- 精度高。通常模拟元器件的精度很难达到 10^{-3} 以上,而数字系统只要 16 位就可以达到 10^{-5} 级的精度。

- 灵活性高。乘法器的系数决定了数字信号处理系统的性能,而这些系数是存放在系数存储器中的,因此只需要改变存储的系数,就可得到不同的数字系统,比只通过改变硬件电路结构来改变模拟系统要方便得多。

- 可靠性强。模拟系统的元器件都有一定的温度系数,且电平是连续变化,因而受环境温度、噪声干扰、电磁感应的影响较大。而数字系统只有两个信号电平0、1,电压容差范围较大,可靠性较强。

- 便于集成化。由于数字部件有高度的规范性,便于大规模集成、生产,由于对电路参数要求不严,产品成品率高。

需要指出的是,数字信号处理系统也有其局限性,例如,数字系统的速度还不算高,在海量数据处理时,常常要求几百、几千个数字处理器并行工作,使得成本增加;A/D转换器由于转换速度不够高,对当前的一些高频率的信号仍然无法处理;价格较贵,在处理简单任务时,性价比低。

虽然数字信号处理系统存在着上述缺点,但它的突出优点已使它在通信、语音、视频图像、地震测报、生物医学、遥感、仪器仪表等领域中得到愈来愈多的应用。

1.2 数字信号处理器概述

数字信号处理算法的特点是对大量数据进行反复相同的操作,例如FFT、相关、卷积运算等,数据计算量大,实时性强,以往是采用在通用计算机系统上加上专用的加速处理机或者采用专用信号处理机如FFT机等来实现,通用性差、价格昂贵,而采用通用的微处理器来完成大量数字信号处理运算,速度较慢,难以满足实际需要。

数字信号处理器是进行数字信号处理的专用芯片,是伴随着微电子学、数字信号处理技术、计算机技术的发展而产生的新器件。快速、高效、实时完成处理任务的数字信号处理器DSP的出现,很好地解决了上述问题。DSP可以快速地实现对信号的采集、变换、滤波、估值、增强、压缩、识别等处理,以得到符合人们需要的信号形式,给信号处理的应用打开了新的局面。

1.2.1 DSP 芯片的分类

随着近二十年DSP处理器的发展,各种系列的DSP产品涌现到市场上,这些DSP芯片可以按照下列三种方式分类。

1. 按照 DSP 工作的数据格式

根据数据格式,DSP芯片可分为定点DSP芯片和浮点DSP芯片。定点DSP芯片结构相比之下较简单、乘法-累加(MAC)运算速度快,但由于其字长有限,运算精度低、动态范围小。目前主流的定点DSP芯片产品有TI公司的TMS320C54xx系列、Motorola公司的MC56000系列、DSP96000系列、AD公司的ADSP21xx系列等。而浮点 DSP 芯片的特点是运算精度高、动态范围大,如 TI 公司的 TMS320C3x/C4x/C8x 以及最近推出的 67xx 系列等。

定点 DSP 芯片和浮点 DSP 芯片都有着广泛的市场。定点 DSP 芯片虽然有动态范围小,运算精度低的缺点,却有着价格低的优势;浮点 DSP 芯片在高性能实时处理系统中有着广泛的应用。

2. 按照 DSP 工作的工作时钟和指令类型

根据 DSP 工作的工作时钟和指令类型,DSP 可分为一致性 DSP 芯片和静态 DSP 芯片。若有多种 DSP 处理器的指令系统且彼此之间的代码及引脚结构相互兼容,则为一致性 DSP 芯片。如 TI 公司的 TMS320C1x/C54x 系列,若 DSP 处理器在某时钟频率范围内的任何时钟频率上,DSP 芯片除计算速度变化外,没有性能上的下降,则为静态 DSP 芯片,如日本 OKI 电气公司的 DSP 芯片。

3. 按照 DSP 工作的用途

根据 DSP 的工作用途,可分为通用型 DSP 芯片和专用型 DSP 芯片。通用型 DSP 芯片适用于普通的数字信号处理,如 TI 公司的 TMS320 系列 DSP 处理器就属于通用型 DSP 芯片。专用型 DSP 芯片是为某些特定的 DSP 运算专门设计的。更适合特殊的数字信号处理运算。如 Motorola 公司的 DSP56200、Inmos 公司的 IMSA100 都是专用型的 DSP 芯片。

本书重点讨论通用型的 DSP 芯片。

1.2.2 DSP 芯片的特点

DSP 芯片之所以特别适合数字信号处理运算,是因为其在硬件结构和软件指令系统中具有以下一些特点,以 TI 公司产品为例进行以下说明。

1. 改进的哈佛结构

与传统的总线结构——冯·诺依曼结构相比,哈佛总线结构的主要特点是程序和数据分别具有独立的存储空间,有着各自独立的程序总线和数据总线。虽然这使其结构变得复杂了许多,但由于可以同时访问数据和程序,它的数据处理能力得到大大提高,从而非常适合数字信号处理。TI 公司的 DSP 芯片采用的是改进的哈佛结构,它增加了数据总线和程序总线之间的局部交叉连接。从而使得数据可以存放在程序存储器中,并可被算术运算指令直接使用,增强了芯片数据调用的灵活性。从而实现了 CPU 的高效运行。同时改进的哈佛结构允许指令可以存储在高速缓存器中(Cache),省去了从存储器中读取指令的时间,因而大大提高了运行速度。

2. 支持流水线操作

在改进的哈佛结构的基础上,TMS320 系列广泛采用了流水线操作以减少指令执行时间,从而进一步增强了处理器的数据处理能力。不同的 DSP 产品深度不同,一般在二级以上。级数越高,同时运行的指令数就越多。TI 的第一代 TMS320 处理器只用了两级流水线,而在 TMS320C54x 系列 DSP 中用了 6 级流水线,现在的 TMS320C6000 系列中深度更是达到了 8 级。这意味着器件可以同时运行 8 条指令,每条指令处于流水线上的不同阶段。同时,可以并行运行的指令的条件在不断降低,指令的范围在不断地扩大。这也提高了 TMS320 的数据处理能力。图 1.2 给出了一个三级流水线操作的例子。

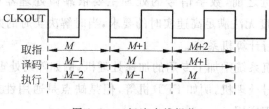

图 1.2 三级流水线操作

3. 采用专用的硬件乘法器

在数字信号处理运算中,FFT,DFT,FIR,IIR 滤波运算等在其算法中都有大量的乘法运算存在,并且占用了大量的运算时间。因此如何降低乘法运算时间成为 DSP 性能的关键之一。在一般的微处理器中,乘法(除法)指令则由一系列加法和移位运算来实现,因此它们实现乘法运算就比较慢,需要许多个指令周期来完成。而在 DSP 芯片中,都存在一个专用的硬件乘法器,使得乘法运算可以在一个指令周期内完成。在 TMS320C6000 系列中,甚至存在有两个硬件乘法器。

4. 特殊的 DSP 指令

DSP 芯片的另一个重要的特点是有一套专门为数字信号处理而设计的特殊的指令系统。如 MAC(乘法累加)指令,它可以在单周期内取两个操作数相乘,并将结果加载到累加器。有的 DSP 还具有多组 MAC 结构,可以并行处理。这些指令系统将在后面章节中详细阐述。

5. 快速的指令周期

随着微电子技术、大规模集成电路优化设计技术的不断发展,从 $1\mu m$ 发展到现在的 $0.1\mu m$,芯片的电源电压也随之降低,目前主流 DSP 外围电压均已发展为 3.3V,核心电压发展到 1V,功耗也随之降低,使得 DSP 芯片的主频也水涨船高,目前 TMS320C64xx 系列的最高主频已经发展到 720MHz,使得一个指令周期达到了 1.4ns,数据处理能力提高了几十倍,甚至上百倍。

6. 专用的数据地址发生器

在通用的微处理器中,产生数据的地址和进行数据处理都是由同一个 ALU 工作。

而在 DSP 处理器中,设置了专门的数据地址发生器(DAG)来产生所需的数据地址。数据地址的产生与 CPU 的工作是并行的,从而节省了 CPU 的时间,提高了信号的处理速度。在高性能的 DSP 中,DAG 还具有移位、位反转、逻辑屏蔽以及模寻址等功能,以满足 DSP 运算的各种寻址需求。

1.2.3　DSP 芯片的发展

在 DSP 芯片问世之前,数字信号的处理主要依靠微处理器(MPU)来完成。但 MPU 较低的处理速度无法满足高速实时的要求,当时解决实时的办法如下。

- 采用超级并行计算机系统。
- 在通用计算机系统中加上专用的加速处理机,例如阵列处理机。
- 采用专用信号处理机,例如 FFT 机等,但是缺点是通用性差,只适用于某一特定的信号处理应用。

以上三种方法,要么价格昂贵,要么应用有局限性。

随着大规模集成电路技术的发展,1978 年世界上诞生了首枚 DSP 芯片——AMI 公司的 S2811,1979 年美国 Intel 公司生产了商用可编程器件 2920,这两种 DSP 芯片都不具备单周期硬件乘法器,故其结构与性能都与现代 DSP 芯片相差很大。1980 年,日本 NEC 公司推出的 uPD7720 是第一个具有硬件乘法器的 DSP 处理器,1981 年美国贝尔实验室推出的 DPSI 与 uPD7720 都是 16 位字长,具有片内乘法器和存储器。

DSP 芯片真正得到广泛应用是从美国 TI 公司 1982 年推出的 TMS32010 系列为标志的,这种 DSP 器件采用微米工艺、NMOS 技术制作,虽然功耗和尺寸较大,但运算速度却比 MPU 快几十倍,尤其在语音合成和编解码器中得到了广泛应用。之后 TI 公司相继推出了第二代 DSP 芯片 TMS320C20,TMS320C25/C26/C28 系列等,第三代 DSP 芯片有 TMS320C30/C31/C32/C33 系列等,第 4 代 DSP 芯片有 TMS320C40/C44 系列,第 5 代 DSP 芯片有 TMS320C5x/C54x/C55x、多处理器 DSP 芯片 TMS320C80/C82 以及目前速度最快的第 6 代 DSP 芯片 TMS320C62x/C67x 系列等。目前 TI 公司常用的 DSP 芯片可以被归纳为三大系列,即:TMS320C2000 系列(包括 TMS320C2x/C2xx)、TMS320C5000 系列(包括 TMS320C5x/C54x/C55x)、TMS320C6000 系列(TMS320C62x/C67x)。如今,TI 公司的一系列 DSP 产品已经成为当今世界上最有影响的 DSP 芯片,TI 公司也成为世界上最大的 DSP 芯片供应商,其 DSP 市场份额占全世界份额近 50%。图 1.3 给出了 TI 公司的 TMS320 系列产品的发展示意图。

在浮点 DSP 方面,世界上第一个采用 CMOS 工艺生产浮点 DSP 芯片的是日本的 Hitachi 公司,它于 1982 年推出了浮点 DSP 芯片。1983 年 日本 Fujitsu 公司推出的 MB8764,其指令周期为 120ns,且具有双内部总线,从而使处理吞吐量发生了一个大的飞跃。而第一个高性能浮点 DSP 芯片应是 AT&T 公司于 1984 年推出的 DSP32。

现在,世界上的 DSP 芯片有三百多种,其中定点 DSP 就有二百多种。主要厂家除了 TI 公司外,其他具有代表性的公司有美国模拟器件(Analog Devices,AD)公司、Lucent 公司、LSI Logic 公司以及 Motorola 公司。其中 TI 公司的 DSP 产品占了市场份额的 50%;AD 公司大约占了 29%;Lucent 公司由于主要生产定点 DSP,因此约占了 5%,Motorola 公司约占了 21%。

展望未来,DSP 处理器发展的趋势是结构多样化,系统级集成用户化,开发工具更加完善,评价体系更加全面专业。

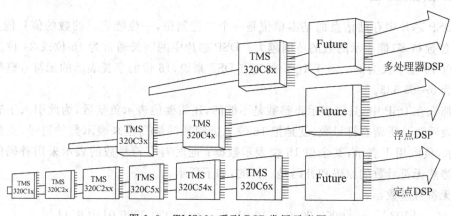

图 1.3 TMS320 系列 DSP 发展示意图

1.2.4 DSP 芯片的应用

自从 DSP 芯片问世以来,已经在多种不同的领域得到了广泛的应用。其常见的典型应用如下。

- 通用的数字信号处理:FFT、FIR 滤波、IIR 滤波、卷积、相关、谱分析、模式匹配等。
- 语音识别与处理:语音压缩、语音合成、语音增强、语音邮件、语音存储,数字音频,网络音频等。
- 图形/图像处理:如二维和三维图形处理、图像压缩与传输、图像增强、动画、机器人视觉等。
- 通信:如数字调制/解调、自适应均衡、数据加密、数据压缩、回波抵消、多路复用、传真、扩频通信、纠错编码、软件无线电等。
- 自动控制:声控、磁盘/光盘伺服控制、马达控制、机器人控制等。
- 军事:保密通信、导弹制导、电子对抗、雷达处理等。
- 仪器仪表:数据采集、函数发生、地质勘探等。
- 医学工程:助听器、超声设备、病人监护等。
- 家用电器:数字电话、数字电视、高保真音响、电子玩具等。
- 汽车领域:车身系统、防盗系统、传动系统、汽车网络信息系统等。

1.3　DSP芯片运算基础

1.3.1　数的定标

1. 定标表示法

DSP 芯片中存储信息的基本单位是一个二进制位,一位能表示的数的值只能是 0 或 1,位数越多,能表示的数的范围越大。DSP 芯片中的字长通常为 16 位或 24 位。本书均以 16 位字长为例。对于 16 位的定点 DSP 来说,16 位的字长表示的无符号整数的范围为 0~65 535。

那么在 DSP 中,只能表示正整数是不够的,还需要能表示负整数,为此引入了有符号数表示法。所谓有符号数,就是把 16 位二进制数的最高位来表示数的符号,正数用 0 表示,负数用 1 表示,其余位 15 位表示数据;同时对有符号数的表示采用补码的方式。当然无符号数的原码和补码是一样的,如下所示。

无符号整数:

$$[103]_原 = [0000\ 0000\ 0110\ 0111]_原 = [0000\ 0000\ 0110\ 0111]_补$$

有符号整数:

$$[-103]_原 = [1000\ 0000\quad 0110\ 0111]_原$$

$$[-103]_补 = [1000\ 0000\quad 0001\ 1001]_补$$

当将定点 DSP 芯片的正负整数问题解决了以后,问题也接踵而来:当用定点 DSP 来对数据进行运算时,算法中常常要用到小数,比如进行高通、低通滤波时的系数,然而,DSP 在执行算术运算指令时,并不知道当前所处理的数据是整数还是小数,更不能指出小数点的位置在哪里。因此,在编程时必须由程序员人为地指定一个数的小数点处于哪一位,这就是数的定标。

通过人为地将小数点规定在 16 位中的不同位置,就可以表示不同大小和不同精度的数了。对于整数,通常是将小数点固定(隐含)在数值部分最低位的后面,用来表示整数;对于小数,则通常是将小数点固定(隐含)在数值部分的最高位的后面,表示的是纯小数。

数的定标有两种表示方法:Qn 表示法和 $S_{m.n}$ 表示法。其中,m 表示数的 2 补码的整数部分,n 表示数的 2 补码的小数部分,1 位符号位,数的总字长为 $m+n+1$ 位。表示数的整数范围为 $-2^m \sim 2^m-1$,小数的最小分辨率为 2^{-n}。

在实际应用中,通常采用 Qn 表示法。表 1.1 列出了 16 位定点 DSP 芯片用 Qn 表示法和 $S_{m.n}$ 所能表示的十进制数值范围。

从表 1.1 可以看出,若程序员设定的小数点位置不同,对于同样一个 16 位数,它所表示的数也就不同。例如:

十六进制数 1000H=4096,用 $Q0$ 表示

表 1.1　Qn 表示、$S_{m,n}$ 表示及数值范围

Qn 表示法	$S_{m,n}$ 表示法	十进制数表示范围
$Q15$	$S_{0.15}$	$-1 \leqslant X \leqslant 0.999\,969\,5$
$Q14$	$S_{1.14}$	$-2 \leqslant X \leqslant 1.999\,939\,0$
$Q13$	$S_{2.13}$	$-4 \leqslant X \leqslant 3.999\,877\,9$
$Q12$	$S_{3.12}$	$-8 \leqslant X \leqslant 7.999\,755\,9$
$Q11$	$S_{4.11}$	$-16 \leqslant X \leqslant 15.999\,511\,7$
$Q10$	$S_{5.10}$	$-32 \leqslant X \leqslant 31.999\,023\,4$
$Q9$	$S_{6.9}$	$-64 \leqslant X \leqslant 63.998\,046\,9$
$Q8$	$S_{7.8}$	$-128 \leqslant X \leqslant 127.996\,093\,8$
$Q7$	$S_{8.7}$	$-256 \leqslant X \leqslant 255.992\,187\,5$
$Q6$	$S_{9.6}$	$-512 \leqslant X \leqslant 511.980\,437\,5$
$Q5$	$S_{10.5}$	$-1024 \leqslant X \leqslant 1023.968\,75$
$Q4$	$S_{11.4}$	$-2048 \leqslant X \leqslant 2047.9375$
$Q3$	$S_{12.3}$	$-4096 \leqslant X \leqslant 4095.875$
$Q2$	$S_{13.2}$	$-8192 \leqslant X \leqslant 8191.75$
$Q1$	$S_{14.1}$	$-16\,384 \leqslant X \leqslant 16\,383.5$
$Q0$	$S_{15.0}$	$-32\,768 \leqslant X \leqslant 32\,767$

十六进制数 1000H＝0.125，用 $Q15$ 表示

十六进制数 1000H＝1，用 $Q12$ 表示

但对于 DSP 芯片来说，处理方法是完全相同的。

从表 1.1 还可以看出，不同的 Q 所表示的数不仅范围不同，而且精度也不相同。Q 越大，数值范围越小，但精度越高；相反，Q 越小，数值范围越大，但精度就越低。例如，$Q0$ 的数值范围是 $-32\,768$ 到 $+32\,767$，其精度为 1，而 $Q15$ 的数值范围为 -1 到 $0.999\,969\,5$，精度为 $1/32\,768 = 0.000\,030\,51$。因此，对定点数而言，数值范围与精度是一对矛盾，一个变量要想能够表示比较大的数值范围，必须以牺牲精度为代价；而想提高精度，则数的表示范围就相应地减小。在实际的定点算法中，为了达到最佳的性能，必须充分考虑到这一点。

浮点数与定点数的转换关系可表示如下。

浮点数（x）转换为定点数（x_t）：$x_t = (\text{int}) x \times 2^Q$

定点数（x_t）转换为浮点数（x）：$x = (\text{float}) x_t \times 2^{-Q}$

例如，浮点数 $x = 0.325$，定标 $Q = 15$，则定点数 $x_t = \lceil 0.325 \times 32\,768 \rceil = 10\,650$，式中 $\lceil\ \rceil$ 表示上取整。反之，一个用 $Q = 15$ 表示的定点数 $13\,246$，其浮点数为 $13\,246 \times 2^{-15} = 13\,246/32\,768 = 0.4042$。

所谓上取整指的是对计算后的数进行四舍五入取整。通常采用上取整来最大限度地保持数的精度。

在具体应用中，为保证在整个运算过程中数据不会溢出，应选择合适的数据格式。例如，对于 $Q15$ 格式，其数据范围是 $(-1, 1)$，这样就必须保证在所有运算中，其结果

都不能超过这个范围,否则,芯片将结果取其极大值-1或1,而不管其真实结果为多少。

2. Q 值的确定

在使用定点 DSP 时,如何选择合适的 Q 值是一个关键性问题。就 DSP 运算的处理过程来说,实际参与运算的都是变量,有的是未知的,有的则在运算过程中不断改变数值,但它们在实际工程环境中作为一个物理参量而言都有一定的动态范围。只要动态范围确定了,Q 值也就确定了。

假设一个变量的绝对值的最大值为 $|max|$($|max| \leqslant 32\,767$)。若存在一个整数 m,使它满足 $2^{m-1} < |max| < 2^m$,则有 $2^{-Q} = 2^{-15} \times 2^m = 2^{-(15-m)}$,$Q = 15 - m$。

例如,某变量的值在-1至+1之间,即 $|max| < 1$,因此 $m = 0$,$Q = 15 - m = 15$。

确定了变量的 $|max|$ 就可以确定其 Q 值,那么变量的 $|max|$ 又是如何确定的呢?一般来说,确定变量的 $|max|$ 有两种方法:一种是理论分析法,另一种是统计分析法。

1) 理论分析法

理论分析法指的是根据已有的数学理论(如定义、公理、定理、公式、法则等)来推导出变量的动态范围。例如:

- 三角函数,$y = 3\sin(x)$ 或 $y = 3\cos(x)$,由三角函数知识可知,$|y| \leqslant 3$;
- 汉明窗,$y(n) = 0.54 - 0.46\cos[2\pi n/(N-1)]$,$0 \leqslant n \leqslant N-1$。因为 $-1 \leqslant \cos[2\pi n/(N-1)] \leqslant 1$,所以 $0.08 \leqslant y(n) \leqslant 1.0$;
- FIR 卷积。$y(n) = \sum_{k=0}^{N-1} h(k)x(n-k)$,设 $\sum_{k=0}^{N-1} |h(k)| = 1.0$,且 $x(n)$ 是模拟信号 12 位量化值,即有 $|x(n)| \leqslant 2^{11}$,则 $|y(n)| \leqslant 2^{11}$。

2) 统计分析法

当有些变量的动态范围从数学上无法确定时,一般采用统计分析的方法来确定其动态范围。所谓统计分析,就是指用数理统计方法分析事物的数量来揭示出所分析变量的动态范围。例如,在语音信号分析中,统计分析时就必须采集足够多的语音信号样值,并且在所采集的语音样值中,应尽可能地包含各种情况,如音量的大小、声音的种类(男声、女声)等。只有这样,统计出来的结果才能具有典型性。

在程序设计前,首先要通过细致和严谨的分析,找出参与运算的所有变量的变化范围,充分估计运算中可能出现的各种情况,然后确定采用何种定标标准才能保证运算结果正确可靠。这里,所讨论的理论分析法和统计分析法确定 Q 值只是一种辅助性的主要手段。但是,DSP 操作过程中的意外情况是无法避免的,即使采用统计分析法也不可能涉及所有情况。因此,在定点运算过程中应该采取一些判断和保护措施(特别是在定点加法中)。另外,在数字信号处理中的大量运算是乘法和累加,应尽量采用纯整数或纯小数运算,即全部变量都用 $Q0$ 或 $Q15$ 格式表示。这样做的好处是操作简单、编程方便。只有当纯整数或纯小数运算不能满足变量的动态范围和精度要求时,才采用混合小数表示法进行定点运算。

1.3.2 数的运算

数的运算包括定点数的加法/减法运算和乘法、除法运算。其中定点数又可分为无符号数和有符号数。无符号数是明确为正数的数,带符号数可能为正数,也可能为负数。一般负数以补码形式表示,最高位为符号位。

1. 两个定点数的加/减法

将浮点的加法/减法转化为定点加法/减法时必须保证两个操作数的格式一致。如果两个数的 Q 值不同,可将 Q 值大的数右移调整为与另一个数的 Q 值一样,但必须在保证数据精度不变的前提下。同时要注意有符号和无符号数加/减运算的溢出问题。

【例 1.1】 设 $x=3.125$, $y=0.25$, 求 $x+y$。

解:$x=3.125$, 若 x 的 Q 值为 Q12,则 $[x]_{Q12}=3.125\times2^{12}=12\,800=3200H$;

$y=0.25$, 若 y 的 Q 值为 Q15,则 $[y]_{Q15}=0.25\times2^{15}=8192=2000H$。

由于 Q12<Q15,因此将 y 的 Q15 格式表示的十六进制码 2000H 右移 3 位;由于 2000H 为正数,因此将整数部分补零,得到用 Q12 格式表示的 0.25 为 0400H。将 3200H 加上 0400H 得到 3600H,十进制数为 13 824,该数的格式为 Q12,相对应浮点值为 $13\,824/2^{12}=4.375$,和浮点直接运算结果 $x+y=4.375$ 一致。

【例 1.2】 设 $x=3.125$, $y=-0.625$, 求 $x+y$。

解:$x=3.125$, 若 x 的 Q 值为 Q12,则 $[x]_{Q12}=3.125\times2^{12}=12\,800=3200H$;

$y=-0.625$, 若 y 的 Q 值为 Q15,则十六进制码为 B000H。

由于 Q12<Q15,因此将 y 的 Q15 格式表示的十六进制码 B000H 右移 3 位;因为是负数,所以整数部分符号位扩展后得到用 Q12 格式表示的 -0.625 结果为 F600H。

将 3200H 加上 F600H 得到 2800H,十进制数为 10 240,该数的格式为 Q12,相对应浮点值为 $10\,240/2^{12}=2.5$,和浮点直接运算结果 $x+y=2.5$ 一致。

2. 两个定点数的乘法

两个 16 位定点数相乘时可分为以下几种情况。

1) 纯小数乘以纯小数

$$Q15 \times Q15 = Q30$$

【例 1.3】 $0.5\times0.5=0.25$

```
      0.100000000000000                                    ; Q15
×     0.100000000000000                                    ; Q15
      00.010000000000000000000000000000 = 0.25             ; Q30
```

2 个 Q15 的小数相乘后得到 1 个 Q30 的小数,即有 2 个符号位。一般情况下相乘后得到的满精度数不必全部保留,而只需保留 16 位单精度数。由于相乘后得到的高 16 位不满 15 位的小数精度,为了达到 15 位精度,可将乘积左移 1 位。

2）整数乘整数

$$Q0 \times Q0 = Q0$$

【例 1.4】　$12 \times (-5) = -60$

```
      0000000000001100                                      ; Q0
×     1111111111111011                                      ; Q0
      11111111111111111111111111000100      (-60)  ; Q0
```

3）混合表示法

两个 16 位整数相乘,乘积总是"向左增长",积为 32 位,难以进行后续的递推运算;两个小数相乘,乘积总是"向右增长",且存储高 16 位乘积,用较少资源来保存结果(这是 DSP 芯片采用小数乘法的原因)用于递推运算。

许多情况下,运算过程中为了既满足数值的动态范围,又保证一定的精度,就必须采用 $Q0$ 与 $Q15$ 之间的表示法,即混合表示。例如,数值 1.0145 显然用 $Q15$ 格式无法表示,而若用 $Q0$ 格式表示,则最接近的数是 1,精度无法保证。因此,数 1.0145 最佳的表示法是 $Q14$ 格式。

【例 1.5】　$1.5 \times 0.75 = 1.125$

```
   01.10000000000000 = 1.5                               ; Q14
×  00.11000000000000 = 0.75                              ; Q14
   0001.00100000000000000000000000000000 = 1.125   ; Q28
```

由于 $Q14$ 的最大值不大于 2,因此,两个 $Q14$ 数相乘得到的乘积不大于 4。

一般的,若一个数的整数位为 i 位,小数位为 j 位,另一个数的整数位为 m 位,小数位为 n 位,则这两个数的乘积为 $(i+m)$ 位整数位和 $(j+n)$ 位小数位。这个乘积的最高 16 位可能的精度为 $(i+m)$ 整数位和 $(15-i-m)$ 小数位。

但是,若事先了解数的动态范围,就可以增加数的精度。例如,程序员了解到上述乘积不会大于 1.8,就可以用 $Q14$ 数表示乘积,而不是理论上的最佳情况 $Q13$。

3. 两个定点数的除法

在通用 DSP 芯片中,一般不提供单周期的除法指令,为此必须采用除法子程序来实现。二进制除法是乘法的逆运算。乘法包括一系列的移位和加法,而除法可分解为一系列的减法和移位。下面说明除法的实现过程。

设累加器为 8 位,且除法运算为 91 除以 4。除的过程就是除数逐步移位并与被除数比较的过程。在这过程中,每一步都进行减法运算,如果够减,则将 1 插入商中,否则补 0。

(1)被除数减除数:

```
   01011011
  -0100
   00011011
```

(2) 够减,将结果左移一位后加 1 再减:

$$00110111$$
$$-0100$$
$$\overline{11110111}$$

(3) 不够减,放弃减法结果,被除数左移一位再减:

$$01101110$$
$$-0100$$
$$\overline{00101110}$$

(4) 够减,将结果左移一位后加 1 再减:

$$01011101$$
$$-0100$$
$$\overline{00011101}$$

(5) 够减,将结果左移一位后加 1 再减:

$$00111011$$
$$-0100$$
$$\overline{11111011}$$

(6) 不够减,放弃减法结果,被除数左移一位,得最后结果:

$$01110110$$

即商为 10110B＝22,余数为 011B＝3。

TMS320C54x 利用带条件减法 SUBC 来实现除法运算,除数不动,被除数、商左移。TMS320 没有专门的除法指令,但使用条件减法指令 SUBC 加上重复指令 RPT 就可以完成有效灵活的除法功能。使用 SUBC 的唯一限制是两个操作数必须为正。程序员必须事先了解其可能的运算数的特性,如其商是否可以用小数表示及商的精度是否可被计算出来等。这里每一种考虑都会影响到如何使用 SUBC 指令的问题。

1.4 小结

本章首先介绍了数字信号处理的系统组成、数字信号处理的实现和特点,然后针对数字信号处理器——DSP 芯片的分类、特点、发展、应用作了详细的介绍,最后讨论了 DSP 芯片进行定点运算时所涉及的数的定标和算术运算等,理解这些对实现定点 DSP 算法具有非常重要的作用。

习题 1

(1) 一个典型的数字信号处理系统都有哪些部分构成,功能是什么?

(2) 数字信号处理的实现都有哪些方法?

(3) DSP 芯片的特点都有哪些?

(4) 已知 $x＝2.34$,若该数分别用 $Q13,Q10,Q5$ 来定标,计算该数对应的各个定点数的大小(考虑舍入)。

(5) 函数 $f(x)=3(2+4x^2)$，$-2<x<5$，为了保持最大精度，试确定定点运算时自变量 x 和函数 $f(x)$ 的 Q 值。

(6) 已知一个 16 进制定点数为 2000H，若该数分别用 $Q0,Q5,Q10$ 表示，计算该数对应的各个浮点数的大小。

第2章
CCS集成开发环境的特征及应用

CCS 是 TI 公司推出的用于开发 DSP 芯片的集成开发环境,它采用 Windows 风格界面,将 DSP 工程项目管理、源代码的编辑、目标代码的生成、调试和分析都打包在一个环境中,使其可以基本涵盖软件开发的每一个环节,极大地方便了 DSP 芯片的开发与设计,是目前使用最为广泛的 DSP 开发软件之一。

2.1 CCS 概述

CCS 可运行在 Windows 操作系统下,采用图形接口界面,提供有环境配置、源文件编辑、程序调试、跟踪和分析等工具。CCS 有两种工作模式,即软件仿真器模式和硬件在线编程模式。软件仿真器模式可以脱离 DSP 芯片,在 PC 上模拟 DSP 的指令集和工作机制,主要用于前期算法实现和调试。硬件在线编程模式可以实时运行在 DSP 芯片上,与硬件开发板相结合编程和调试应用程序。

2.1.1 CCS 的发展

CCS 代码调试器是一种集成开发环境,它是一种针对标准 TMS320 调试器接口的交互式工具。

目前,CCS 常用的版本有 CCS 2.0,CCS 2.2,CCS 3.1 和 CCS 3.3,又有 CCS2000(针对 C2xx),CCS5000(针对 C54xx)和 CCS6000(针对 C6x)三个不同的型号。其中 CCS 2.2 是一个分立版本,也就是每一个系列的 DSP 都有一个 CCS 2.2 的开发软件,分 CCS 2.2 for C2000,CCS 2.2 for C5000,CCS 2.2 for C6000。而 CCS 3.1 和 CCS 3.3 是一个集成版本,支持全系列的 DSP 开发。CCS 支持如图 2.1 所示的开发周期中的所有阶段。

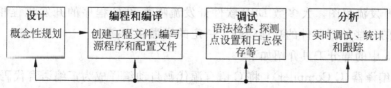

图 2.1 CCS 的开发周期

在一个开放式的插件(Plug-In)结构下,CCS 内部集成了以下软件工具。

- TMS320C54x 代码生成工具;
- CCS 集成开发环境(IDE);
- DSP/BIOS 插件程序和 API;
- RTDX 插件、主机接口和 API。

CCS 的构成及其在主机和目标系统中的接口如图 2.2 所示。

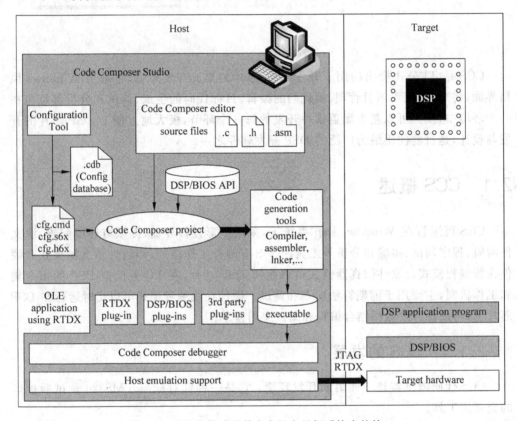

图 2.2　CCS 的构成及其在主机和目标系统中的接口

2.1.2　代码生成工具

代码生成工具是 CCS 开发环境的基础部分,CCS 为使用代码生成工具提供了图形界面,在该人性化界面下,可以非常方便地开发出所需代码程序。图 2.3 给出了一个典型的软件开发流程图。大多数 DSP 软件开发流程都和 C 程序的开发流程相似,只是 DSP 开发的一些外围器件的功能得到了一定的增强和提高。

图 2.3 中的部分工具介绍如下。

- C 编译器(C Compiler):将 C 语言源代码自动编译成为汇编语言代码。
- 汇编器(Assembler):将汇编语言源文件翻译成机器语言目标文件,机器语言使用的是通用的目标文件格式（COFF）。

- 链接器（Linker）：把多个目标文件链接成一个可执行的目标文件。链接器的输入是可重定位的目标文件和目标库文件。
- 归档器（Archiver）：将一组文件保存到一个存档文件里，也叫归档库。
- 助记符到代数汇编语言转换程序（Memoric-to-algebraic Translator Utility）：将含有助记符的汇编语言文件转换成含有代数指令的汇编语言源文件。
- 建库程序（Library-build Utility）：创建满足开发者需要的运行支持库。
- 运行支持库（Run-time-support Library）：它包括 C 编译器所支持的 ANSI 标准运行支持函数、编译器公用程序函数、浮点运算函数和 C 编译器支持的 I/O 函数。
- 十六进制转换程序（Hex Conversion Utility）：它能将一个 COFF 目标文件转

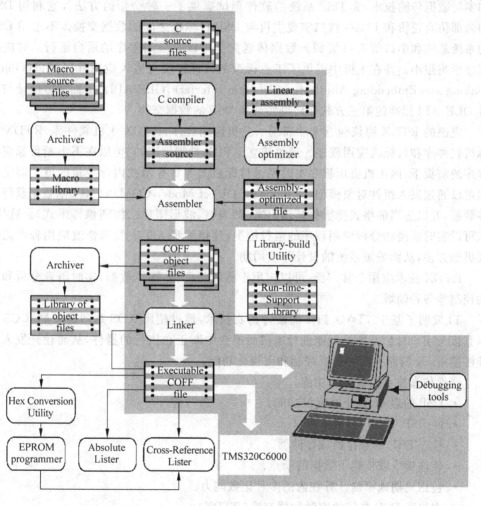

图 2.3　软件开发流程图

化成 TI-Tagged、十六进制 ACSII 码,Intel,Motorola-S 或者 Tektronix 等目标格式,也可把转换好的文件下载到 EPROM 编程器中。

- 交叉引用列表器(Cross-Reference Lister):它用目标文件参考列表文件,可显示符号及定义,以及符号所在的源文件。
- 绝对列表器(Absolute Lister):输入为目标文件,输出为.abs 文件。通过汇编.abs 文件,产生含有绝对地址的列表文件。如果没有绝对列表器,这些操作要通过手工操作完成。

2.1.3　实时数据交换和硬件仿真

实时数据交换(Real Time Data Exchange,RTDX)是 TI 公司推出的一种非常优秀的实时数据传输技术,为 DSP 系统的软件调试提供了一种全新的方法。它利用 DSP 的内部仿真逻辑和 JTAG 接口实现主机与 DSP 目标机之间的数据交换。不占用 DSP 的系统总线和串口等 I/O 资源。数据传送完全可以在应用程序的后台运行。对应用程序影响很小。并在主机中提供了工业标准的目标连接与嵌入应用程序接口(Object Linking and Embedding Application Program Interface,OLE API),因而能方便地与符合 OLE API 标准的第三方软件接口实现和 DSP 的数据交换。

完整的 RTDX 协议包含 4 个部分:主机应用程序、RTDX 主机软件库、RTDX 目标机软件库和目标机应用程序。通过建立 RTDX 数据通道,它可以在不中断目标应用程序的前提下,向主机应用程序实时发送目标机上各寄存器或内存变量的值。而主机也可以通过嵌入组件对象模型(Component Object Model,COM)的 API 函数来获得这些数据,并以适当的格式把数据显示出来(如表格、波形图或二维图像等形式)。这样,就可以实时观测和分析应用程序的运行情况,使得编程人员查找和修改应用程序的错误更加方便,从而缩短系统的设计开发周期。

RTDX 技术应用非常广泛,可以应用于图像处理、多媒体数据、实时语音分析和自动控制等各种领域。

TI 发明了基于 JTAG 扫描的硬件仿真技术,通过使用 XDS 系列仿真器,CCS 可以直接与用户目标系统处理器进行通信而不会中断正在执行的器件,从而让开发人员能够使用 TI 的所有实时仿真控制和可视化功能。

硬件仿真技术提供多种功能。

- DSP 的启动、停止或复位功能。
- 向 DSP 下载代码或数据。
- 检查 DSP 的寄存器或存储器。
- 硬件指令或依赖于数据的断点。
- 包括周期地精确计算在内的多种记数能力。
- 主机和 DSP 之间的实时数据交换(RTDX)。

2.2 CCS 软件安装与设置

DSP 应用程序开发通常需要软件开发环境和硬件系统平台。软件开发环境为 CCS,硬件系统平台由仿真器和目标板组成。仿真器的作用是将目标板和 PC 连起来,使得开发者可以在 CCS 里对目标板上的 DSP 进行编程、烧写和调试等工作,而目标板是指各个公司设计的具有 DSP 芯片的开发板或者是用户自己设计的具有 DSP 芯片的电路板。

2.2.1 CCS 软件安装

CCS 软件安装步骤如下。

(1) 双击 Setup.exe 图标,进入安装程序,首先进入如图 2.4 所示的界面。

图 2.4 CCS 安装程序启动界面

(2) 单击 Code Composer Studio,进入如图 2.5 所示的开始界面。

(3) 单击 Next 按钮会出现提示框,单击【确定】按钮即可,如图 2.6 所示。

(4) 在随后出来的界面中,单击 Yes 按钮,并单击 Next 按钮,在下一个界面中再次单击 Next 按钮。出现图 2.7 所示的选择界面。

(5) 单击 Next 按钮,出现图 2.8 所示安装目录选择界面。建议用户将 CCS 安装在默认目录 c:\ti 中,选择完毕单击 Next 按钮。

(6) 继续单击 Next 按钮,直到出现图 2.9 所示的安装界面。

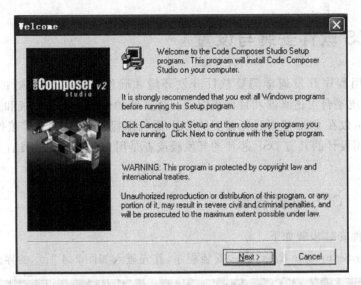

图 2.5 CCS 开始界面

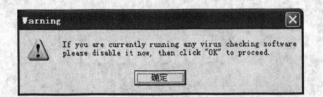

图 2.6 CCS 警告界面

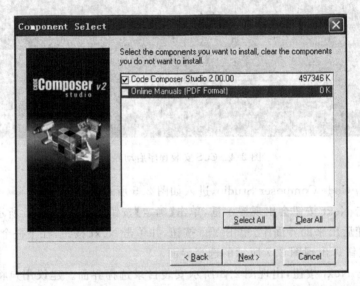

图 2.7 CCS 选择界面

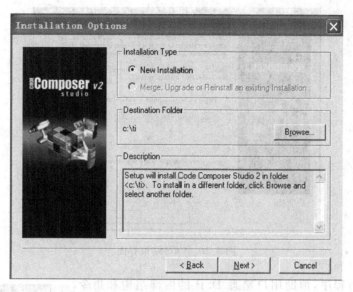

图2.8　CCS安装目录选择界面

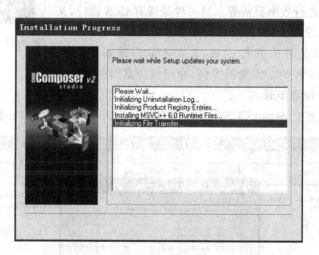

图2.9　CCS安装界面

（7）等待一段时间，出现如图2.10所示结束界面，可以不选择 Register Code Composer Studio on-line 和 Read release notes（Anti-Virus alert）复选框，然后单击 Finish 按钮。

（8）程序安装完毕，会在桌面上出现两个图标，如图2.11所示。

2.2.2　CCS 软件设置

CCS 的仿真分两种情况，一种是只有 CCS 软件进行仿真，没有仿真器和目标板，称之为软仿真（Simulator），此时由 CCS 软件利用计算机的资源模拟 DSP 的运行情况，

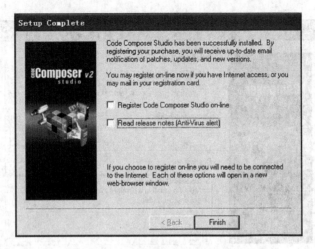

图 2.10　CCS 结束界面

来调试和运行程序,帮助用户熟悉 DSP 的内部结构和指令,但一般软件无法构造 DSP 中的外设,所以软仿真通常用于调试纯软件的算法和进行效率分析等。另一种是既有 CCS 软件,又有仿真器和目标板,此时的仿真称为硬仿真(Emulator)。本节先介绍软仿真情况下的软件设置,2.2.3 节以瑞泰公司的 ICETEK-VC5416 A-S60 实验箱为例,介绍硬仿真时的软件设置。

图 2.11　CCS 桌面图标

软仿真时的设置步骤如下。

(1) 双击桌面上 Setup CCS2('C5000)图标,进入 CCS 设置窗口,如图 2.12 所示。

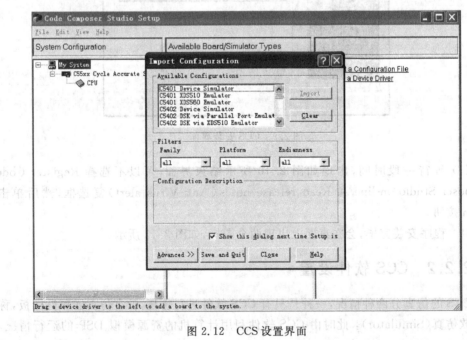

图 2.12　CCS 设置界面

(2) 以选择 C5416 Simulator 软仿真平台为例,对设置界面做如图 2.13 所示的设置,然后单击右边 Import 按钮,最后单击 Close 按钮。

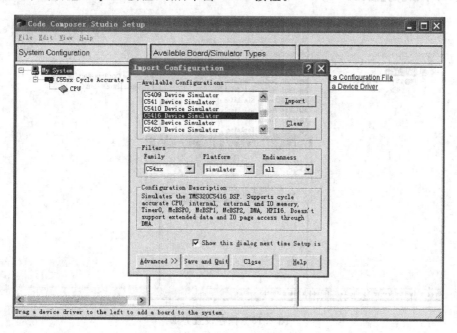

图 2.13 C5416 Simulator 选择界面

(3) 单击 Close 按钮后出现的界面中不单有 C5416 Device Simulator 平台,还有其他的平台,可以根据自己需要,将不用的平台删除。删除方法如图 2.14 所示。

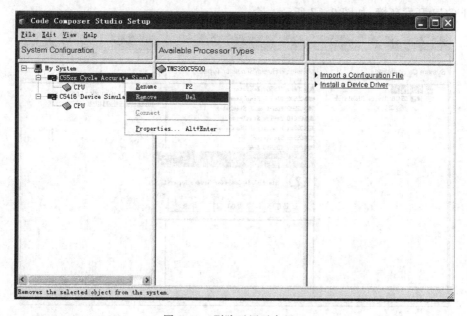

图 2.14 删除无用平台界面

（4）单击右上角【关闭】按钮后，出现如图 2.15 所示的对话框，询问是否保存所做设置，可单击【是】按钮。

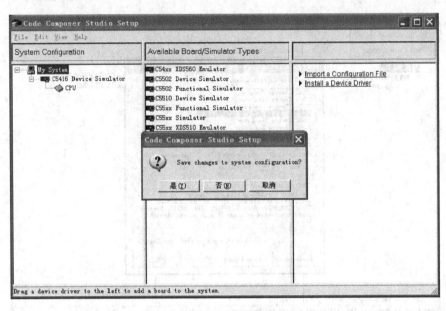

图 2.15　保存设置界面

（5）随后出现的对话框如图 2.16 所示，询问是否在关闭该设置界面后打开 CCS 界面，也就是该设置程序在关闭后可以自动打开 CCS 开发环境，如果选择【否】按钮，则可在随后需要的时候，直接在桌面上打开 CCS2（C5000）图标，此处，选择【是】按钮，则打开 CCS 开发环境，如图 2.17 所示。

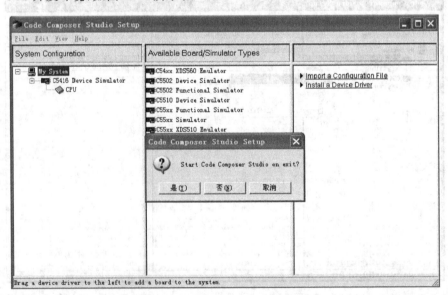

图 2.16　是否打开 CCS 界面

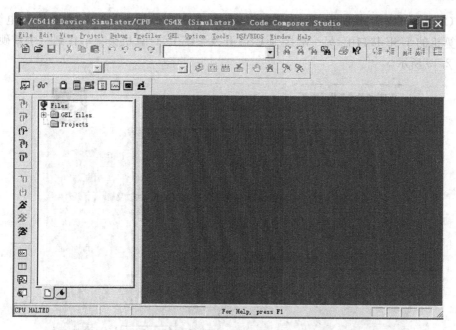

图 2.17 CCS 界面

（6）至此，完成了 CCS 软件设置，需要注意的是，在软仿真界面下，图 2.17 中最上面蓝色的标题栏区域是"/C5416 Device Simulator/"，和硬仿真环境下标题栏有区别，要注意根据使用条件选择不同仿真环境。

2.2.3 ICETEK-VC5416 A-S60 的配置和使用

ICETEK-VC5416 A-S60 实验箱使用的是 ICETEK-5100USB 仿真器，其配置步骤如下。

（1）打开安装光盘的"开发软件驱动"目录，选择"USB/"目录下的 usbdrv54.EXE 文件，双击后出现如图 2.18 所示的界面。此处可以选择驱动安装到哪个目录下。注意：此路径必须与刚才安装的 CCS 开发软件的安装路径保持一致。

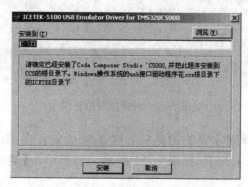

图 2.18 USB 驱动选择目录图

(2) 单击【安装】按钮后,驱动就被安装到 CCS 开发软件中了。此时把 USB 电缆插到计算机的 USB 接口上,另一端接到 USB 开发系统上,计算机会提示找到一个新硬件,如图 2.19 所示。

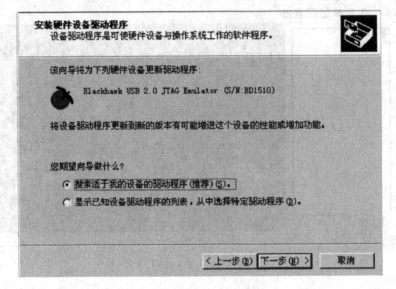

图 2.19　USB 驱动搜索图

(3) 继续单击【下一步】按钮完成安装,选择指定一个位置,如图 2.20 所示然后单击【下一步】按钮。

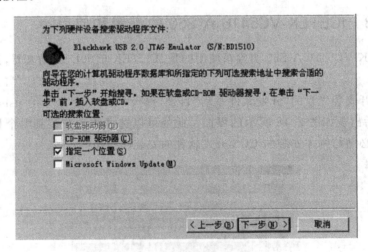

图 2.20　选择指定位置图

(4) 从浏览中选择刚才安装的路径;例如默认安装在 C:\TI 目录下,那么路径就要选择 C:\TI\ICETEK,如图 2.21 所示。然后单击【确定】按钮,按照提示安装完毕。

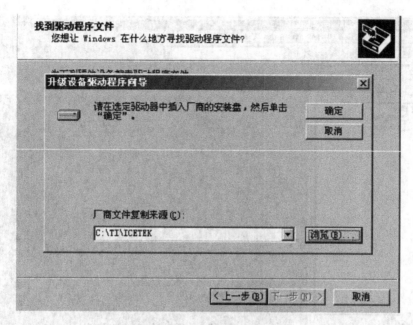

图 2.21　选择驱动来源图

（5）双击 Setup CCS 2(C5000)图标，打开 CCS 配置程序，按照图 2.22 所示进行
选择。然后单击 Import 按钮和 Close 按钮。

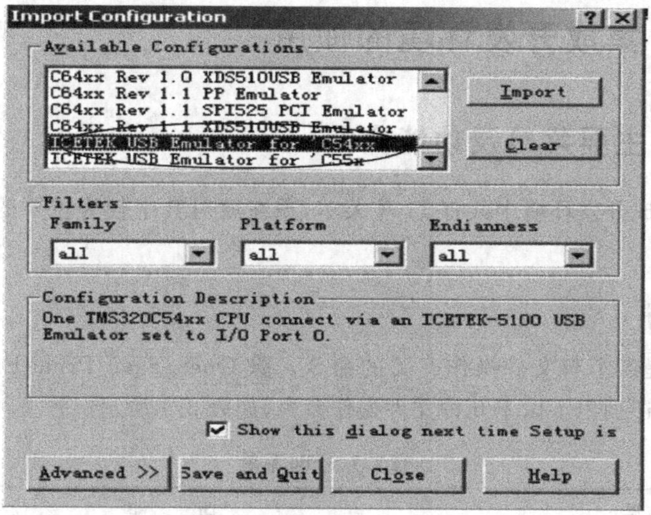

图 2.22　选择硬仿真配置图

（6）打开 File 菜单，选择 Exit 菜单项，保存并退出配置程序，如果硬件连接无误，
进入如图 2.23 所示 CCS 开发软件硬仿真环境。要注意在标题栏上硬仿真和软仿真的
区别，同时，如果硬件连接不正确的话，也不能出现和图 2.23 标题栏一样的界面。

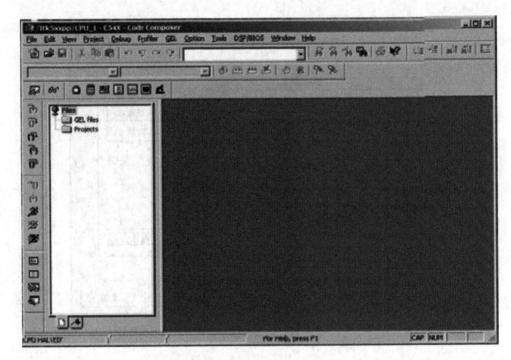

图 2.23　硬仿真 CCS 开发环境图

2.3　CCS 集成开发环境的使用

2.3.1　主要菜单及功能介绍

在 CCS 集成开发环境中共有 11 项菜单,现在就对其中较为重要的菜单功能加以介绍。

1. File 菜单

File 菜单提供了与文件操作有关的命令。除 Open/Save/Print/Exit 等常见的命令外,File 菜单还列出了以下几种文件操作命令,如表 2.1 所示。

表 2.1　File 菜单

菜 单 命 令		功 　 能
New	Source File	新建一个源文件(. c,. asm,. h,. cmd,. gel,. map,. inc 等)
	DSP/BIOS Config	新建一个 DSP/BIOS 配置文件
	Visual Linker Recipe	打开一个 Visual Linker Recipe 向导
	ActiveX Document	在 CCS 中打开一个 ActiveX 文档(如 Microsoft Word 或 Microsoft Excel 等)

续表

菜单命令		功　能
Load Program		将 COFF(. out)文件中数据和符号加载入实际或仿真目标板(Simulator)中
Load Symbol		当调试器不能或无须加载目标代码(如目标代码存放于 ROM 中)时,仅将符号信息加载到目标板。此命令只清除符号表,不更改存储器内容和设置程序入口
Reload Program		重新加载 COFF 文件,如果程序未作更改则只加载程序代码而不加载符号表
Load GEL		调用 GEL 函数之前,应将包含该函数的文件加载入 CCS 中,以将该 GEL 函数调入内存。当加载的文件修改后,应先卸掉该文件,再重新加载该文件,从而使修改生效。加载 GEL 函数时将检查文件的语法错误,但不检查变量是否已定义
Data	Load	将 PC 文件中的数据加载到目标板,可以指定存放的地址和数据的长度。数据文件可以是 COFF 文件格式,也可以是 CCS 支持的数据格式
	Save	将目标板存储器数据存储到一个 PC 数据文件中
File I/O		CCS 允许在 PC 文件和目标 DSP 之间传送数据。一方面可从 PC 文件中取出样值用于模拟,另一方面也可将目标 DSP 处理的数据保存到计算机文件中。 File I/O 功能应与 Probe Point 配合使用。Probe Point 将告诉调试器在何时从 PC 文件中输入或输出数据。File I/O 功能并不支持实时数据交换,实时数据交换应使用 RTDX

2. Edit 菜单

Edit 菜单提供的是与编辑有关的命令。除去 Undo/Redo/Delete/Select All/Find/Replace 等常用的文件编辑命令外,CCS 还支持以下几种编辑命令,如表 2.2 所示。

表 2.2　Edit 菜单

菜单命令		功　能
Find in Files		在多个文本文件中查找特定的字符串或表达式
Go To		快速跳转到源文件中某一指定行或书签处
Memory	Edit	编辑某一存储单元
	Copy	将某一存储块(标明起始地址和长度)数据拷贝入另一存储块
	Fill	将某一存储块填某一固定值
	PatchAsm	在不修改源文件的情况下修改目标 DSP 的执行代码
Edit Register		编辑指定的寄存器值,包括 CPU 寄存器和外设寄存器。由于 Simulator 不支持外设寄存器,因此不能在 Simulator 下监视和管理外设寄存器内容

续表

菜 单 命 令	功　能
Edit Variable	修改某一变量值。对 TI 定点 DSP 芯片而言,如果目标 DSP 由多个页面构成,则可使用@prog,@data 和@io 来分别指定程序区、数据区和 I/O
Edit Command Line	提供输入表达式或执行 GEL 函数的快捷方法
Column Editing	选择某一矩形区域内的文本进行列编辑(剪切、拷贝及粘贴等)
Bookmarks	在源文件中定义一个或多个书签便于快速定位。书签被保存在 CCS 的工作区(Workspace)内以便随时被查找到

3. View 菜单

在 View 菜单中,可以选择是否显示 Standard 工具栏、GEL 工具栏、Project 工具栏、Debug 工具栏、Editor 工具栏和状态栏(Status bar)。此外 View 菜单中还包括如表 2.3 所示的显示命令。

表 2.3　View 菜单

菜 单 命 令		功　能
Dis-Assembly		当将程序加载到目标板后,CCS 将自动打开一个反汇编窗口,反汇编窗口根据存储器的内容显示反汇编指令和符号信息
Memory		显示指定存储器的内容
CPU Registers	CPU Register	显示 DSP 的寄存器内容
	Peripheral Regs	显示外设寄存器内容,Simulator 不支持此功能
Graph	Time/ Frequency	时域或频域显示信号波形。频域分析时将对数据进行 FFT 变换,时域分析时数据无须进行预处理。显示缓冲的大小由 Display Data Size 定义
	Constellation	使用角度图显示信号波形。输入信号被分解为 X、Y 两个分量,采用笛卡儿坐标显示波形。显示缓冲的大小由 Constellation Points 定义
	Eye Diagram	使用联图来量化信号失真度。在指定的显示范围内,输入信号被连续叠加并显示为联图的形状
	Image	使用 Image 图来测试图像处理算法。图像数据属于 RGB 和 YUV 数据试显示
Tasks	Refresh Tasks	CCS 1.2 版和 2.0 版均不支持
	Rrocess Ahread	CCS 1.2 版和 2.0 版均不支持
Watch Window		用来检查和编辑变量或 C 表达式,可以以不同格式显示变量值,还可显示数级、结构或指针等包含多个元素的变量
Call Stadx		检查所调试程序的函数调用情况。此功能仅在调试 C 程序时有效,且程序中必须有一个堆栈段和一个主函数,否则将显示"C source is not awallable."
Expression List		所有的 GEL 函数和表达式采用表达式求值程序来估值。求值程序可对多个表达式求值,在求值过程中可选择表达式并单击 Abort 按钮取消求值。这个功能在 GEL 函数执行到死循环或执行时间太长时有用

菜　单　命　令	功　　能
Project	CCS 启动后将自动打开工程视图。在工程视图中,文件按其性质分为源文件、头文件、库文件及命令文件
Mixed Source/Asm	同时显示 C 代码及相关的反汇编代号(位于 C 代码下方)
Realtime Refresh Options	CCS 1.2 版和 2.0 版均不支持

在 View 菜单中,Graph 是一个很有用的功能,它可以显示信号波形。在 Graph 窗口中使用了两个缓冲器:获取缓冲和显示缓冲。获取缓冲驻留在实际或仿真的目标板上,它保存感兴趣的数据。当图形更新时,获取缓冲从实际或仿真的目标板读取数据并更新显示缓冲。显示缓冲则驻留在主机存储器中,它记录了历史数据。波形图则是根据显示缓冲的数据绘制的。

当输入所需的参数并确认后,Graph 窗口从获取缓冲中接收指定长度(由 Acquisition Buffer Size 定义)和指定起始地址(由 Start Address 定义)的 DSP 数据。

4. Project 菜单

CCS 使用工程来管理设计文档。CCS 不允许直接对汇编或 C 源文件 Build 生成 DSP 应用程序,只有在建立工程文件的情况下,Project 工具栏上的 Build 按钮才会有效。工程文件被存盘为 .mak 文件。在 Project 菜单中包括一些常见的命令如 New/Open/Close 等,此外还包括如表 2.4 所示的菜单命令。

表 2.4　Project 菜单

菜　单　命　令	功　　能
Add Files to Project	CCS 根据文件的扩展名将文件添加到工程的相应子目录中。工程中支持 C 源文件(* .c)、汇编源文件(* .a * , * .s *)、库文件(* .o * , * .lib)、头文件(* .h)和链接命令文件(* .cmd)。其中 C 和汇编源文件可被编译和链接;库文件和链接命令文件只能被链接;CCS 会自动将头文件添加到工程中
Compile File	对 C 或汇编源文件进行编译
Build	重新编译和链接。对于那些没有修改的源文件,CCS 将不重新编译
Rebuild All	对工程中所有文件重新编译并链接生成输出文件
Stop Build	停止正在 Build 的进程
Show Dependencies Scan All Dependencies	为了判别哪些文件应重新编译,CCS 在 Build 一个程序时会生成一个关系树(Dependency Tree),以判别工程中各文件的依赖关系。使用此两菜单命令则可以观察工程的关系树
Options	用来设定编译器、汇编器和链接器的参数
Recent Project Files	加载最近打开的工程文件

5. Debug 菜单

Debug 菜单主要完成程序的调试工作,提供了断点、探点、单步运行等非常有用菜单命令,如表 2.5 所示。

表 2.5　Debug 菜单

菜单命令	功　　能
Breakpoints	断点。程序在执行到断点时将停止运行。当程序停止运行时,可以检查程序的状态,查看和更改变量值,查看堆栈等
Probe Points	允许更新观察窗口并在算法的指定处(设置 Probe Point 处)将 PC 文件数据读至存储器或将存储器数据写入 PC 文件中,此时应设置 File I/O 属性
StepInto	单步运行。如果运行到调用函数处将跳入函数单步执行
StepOver	执行一条 C 或汇编指令。与 StepInto 不同的是,为保护处理器流水线,该指令后的若干条延时分支或调用将同时被执行
StepOut	如果程序运行在一个子程序中,执行 StepOut 将使程序执行完该子程序回到调用该函数的地方。在 C 源程序模式下,根据标准运行 C 堆栈来推断返回地址,否则根据堆栈项的值来求得调用函数的返回地址
Run	从当前程序计数器(PC)执行程序,碰到断点时程序暂停执行
Halt	终止程序运行
Animate	运行程序。碰到断点时程序暂停运行,在更新未与任何 Probe Point 相关联的窗口后程序继续运行
Run Free	忽略所有断点(包括 Probe Point 和 Profile Point),从当前 PC 处开始执行程序
Run to Cursor	执行到光标处,光标所在行必须为有效代码行
Multiple Operation	设置单步执行的次数
Reset DSP	初始化所有寄存器到其上电状态并终止程序运行
Restart	将 PC 值恢复到程序的入口。此命令并不开始程序的执行
Go Main	在程序的 main 符号处设置一个临时断点。此命令在调试 C 程序时起作用
Enable Task Level Debugging	CCS 1.2 版和 2.0 版均不支持
Real Time Mode	CCS 1.2 版和 2.0 版均不支持
Enable Rude Real Time	CCS 1.2 版和 2.0 版均不支持

6. Profiler 菜单

剖切(Profiling)是 CCS 的一个重要功能。它可提供程序代码特定区域的执行统计,从而使开发设计人员能检查程序的性能,对源程序进行优化设置。使用剖切功能可以观察 DSP 算法占用了多少 CPU 时间,还可以用它来剖切处理器的其他事件,如分支数、子程序调用次数及中断发生次数等,该菜单如表 2.6 所示。

表 2.6　Profiler 菜单

菜 单 命 令	功　　　能
Start New Session	开始一个新的代码段分析,打开代码分析统计观察窗口
Enable Clock	为了获得指令周期及其他事件的统计数据,必须使能代码分析时钟。代码分析时钟作为一个变量(CLK)通过 Clock 窗口被访问。可在 Watch 窗口观察 CLK 变量,并可在 Edit/Variable 对话框内修改其值。CLK 还可在用户定义的 GEL 函数中使用。指令周期的计算方式与使用的 DSP 驱动程序有关。对使用 JTAG 扫描路径进行通信的驱动程序,指令周期通过处理器的片内分析功能进行计算,其他的驱动程序则可能使用其他类型的定时器。Simulator 使用模拟的 DSP 片内分析接口来统计分析数据。当时钟使能时,CCS 调试器将占用必要的资源实现指令周期的计数。加载程序并开始一个新的代码段分析后,代码分析时钟自动使能
View Clock	打开 Clock 窗口,显示 CLK 变量的值。双击 Clock 窗口的内容可直接将 CLK 变量复位
Clock Setup	设置时钟。在 Clock Setup 对话框中(如图 6.5 所示),Instruction Cycle Time 域用于输入执行一条指令的时间,其作用是在显示统计数据时将指令周期数转换为时间或频率。在 Count 域选择分析的事件。对某些驱动程序而言,CPU Cycles 可能是唯一的选项。对于使用片内分析功能的驱动程序而言,可以分析其他事件,如中断次数、子程序或中断返回次数、分支数及子程序调用次数等。可使用 Reset Option 参数决定如何计数。如选择 Manual 选项,则 CLK 变量将不断累加指令周期数;如选择 Auto 选项,则在每次 DSP 运行前自动将 CLK 置为 0,因此 CLK 变量显示的是上一次运行以来的指令周期数

7. Option 菜单

Option 菜单提供 CCS 的一些设置选项,如颜色、字体和键盘等,表 2.7 列出了几种较为重要的 Option 菜单命令。

表 2.7　Option 菜单

菜 单 命 令	功　　　能
Font	设置集成开发环境字体格式及字号大小
MemoryMap	用来定义存储器映射,弹出 Memory Map 对话框,如图 6.6 所示。存储器映射指明了 CCS 调试器能访问哪段存储器,不能访问哪段存储器。典型情况下,存储器映射与命令文件的存储器定义一致。在对话框中选中 Enable Memory Mapping 以使能存储器映射。第一次运行 CCS 时,存储器映射即呈禁用状态(未选中 Enable MemoryMapping),也就是说,CCS 调试器可存取目标板上所有可寻址的存储器(RAM)。当使能存储器映射后,CCS 调试器将根据存储器映射设置检查其可以访问的存储器。如果要存取的是未定义数据或保护区数据。则调试器将显示默认值(通常为 0),而不是存取目标板上数据。也可在 Protected 域输入另外一个值,如 0XDEAD,这样当试图读取一个非法存储地址时将清楚地给予提示

续表

菜 单 命 令	功　　能
Disassembly Style	设置反汇编窗口显示模式,包括反汇编成助记符或代数符号,直接寻址与间接寻址用十进制、二进制或十六进制显示
Customize	打开用户自定义界面对话窗

8. GEL 菜单

CCS 软件本身提供 C54x 和 C55x 的 GEL 函数,它们在 c5000.gel 文件中定义。表 2.8 列出了 c5000.gel 文件中定义的 GEL 函数,这些函数可以根据需要在使用时添加到 GEL 菜单里。

表 2.8　GEL 函数

菜 单 命 令		功　　能
C55x		提供 C55x Reset 函数用于复位 C55x DSP 器件
	C54x_CPU_Reset	复位目标 DSP、复位存储器映射、禁止存储器映射及初始化寄存器
C54x	C541_Init	对 C54x DSP 复位
	C542_Init	使能存储器映射
	C543_Init	设置指定 DSP 器件的存储器映射
	C545_Init	
	C546_Init	
	C548_Init	
	C549_Init	
	C5402_Init	对 C54x DSP 复位
	C5409_Init	复位外设
	C5410_Init	使能存储器映射
	C5416_Init	设置指定 DSP 器件的存储器映射
	C5420_Init	
	C5421_Init	
	C5402_DSK_Init	

9. Tools 菜单

其菜单内容如表 2.9 所示。

表 2.9　Tool 菜单

菜 单 命 令	功　　能
Pin Connect	用于指定外部中断发生的间隔时间,从而使用 Simulator 来仿真和模拟外部中断信号

续表

菜 单 命 令	功　　能
Port Connect	将 PC 文件与存储器(端口)地址相连接,可从文件中读取数据,或将存储器(端口)数据写入文件中
Command Window	在 CCS 调试器中输入所需的命令,输入的命令遵循 TI 调试器命令语法格式
Data Converter Support	使开发者能快速配置与 DSP 器件相连的数据转换器
C54××DMA	使开发者能观察和编辑 DMA 寄存器的内容
C54××Emulator Analysis	使开发者能设置和监视事件和硬件断点的发生
C54××McBSP	使开发者能观察和编辑 McBSP 的内容
C54××Simulator Analysis	使开发者能设置和监视事件的发生
RTDX	实时数据交换功能,使开发者能在不影响程序执行的情况下分析 DSP 程序的执行情况
DSP/BIOS	使开发者能利用一个短小的固件核和 CCS 提供的 DSP/BIOS 工具,对程序进行实时跟踪和分析
Linker Configuration	使用 Visual Linker 链接程序
XDAIS	产生与 XDAIS 算法相关联的所有文件

2.3.2　工作窗口区介绍

1. 工具栏窗口

CCS 集成开发环境提供 5 种工具栏,分别为 Standard Toolbar、GEL Toolbar、Project Toolbar、Debug Toolbar 和 Edit Toolbar。这 5 种工具栏可在 View 菜单下选择是否显示。

1) Standard Toolbar

如图 2.24 所示,标准工具栏包括以下常用工具。

* New:新建一个文档。
* Open:打开一个已存在的文档。
* Save:保存一个文档,如尚未命名,则打开 Save As 对话框。
* Cut:剪切。
* Copy:拷贝。
* Paste:粘贴。

图 2.24　Standard 工具栏

- Undo：取消上一次编辑操作。
- Redo：恢复上一次编辑操作。
- Find Next：查找下一个。
- Find Previous：查找上一个。
- Search Word：查找指定的文本。
- Find in Files：在多个文件中查找。
- Print：打印。
- Help：获取特定对象的帮助。

2) GEL Toolbar

GEL 工具栏提供了执行 GEL 函数的一种快捷方法。如图 2.25 所示,在工具栏的左侧文本输入框中输入 GEL 函数名,再单击右侧的执行按钮即可执行相应的函数。如果不使用 GEL 工具栏,也可以使用 Edit 菜单下的 Edit Command Line 命令执行 GEL 函数。

图 2.25　GEL 工具栏

3) Project Toolbar

Project 工具栏提供了与工程和断点设置有关的命令。如图 2.26 所示,Project 工具栏提供了以下命令。

图 2.26　Project 工具栏

- Compile File：编译文件。
- Incremental Build：对所有修改过的文件重新编译,再链接生成可执行程序。
- Build All：全部重新编译链接生成可执行程序。
- Stop Build：停止 Build 操作。
- Toggle Breakpoint：设置断点。
- Remove All Breakpoints：移去所有的断点。
- Toggle Probe Point：设置 Probe Point。
- Remove All Probe Points：移去所有的 Probe Point。
- Toggle Profile Point：设置剖切点。
- Remove All Profile Points：移去所有的剖切点。

4) Debug Toolbar

如图 2.27 所示,Debug 工具栏提供以下常用的调试命令。

- Single Step：与 Debug 菜单中的 Step Into 命令一致，单步执行。
- Step Over：与 Debug 菜单中 Step Over 命令一致。
- Step Out：与 Debug 菜单中 Step Out 命令一致。
- Run to Cursor：运行到光标处。
- Run：运行程序。
- Halt：终止程序运行。
- Animate：与 Debug 菜单中 Animate 命令一致。
- Quick Watch：打开 Quick Watch 窗口观察或修改变量。
- Watch Window：打开 Watch 窗口观察或修改变量。
- Register Windows：观察或编辑 CPU 寄存器或外设寄存器值。
- View Memory：查看存储器指定地址的值。
- View Stack：查看堆栈值。
- View Disassembly：查看反汇编窗口。

图 2.27　Debug 工具栏

5）Edit Toolbar

如图 2.28 所示，Edit 菜单提供了一些常用的编辑命令及书签命令。

- Edit 菜单提供的常用编辑命令及书签命令。
- Mark To：将光标放在括号前面再单击此命令，则将标记括号内所有文本。
- Mark Next：查找下一个括号对，并标记其中的文本。
- Find Match：将光标放在括号前面再单击此命令，光标将跳至与之配对的括号处。
- Find Next Open：将光标跳至下一个括号处（左括号）。
- Outdent Marked Text：将所选择文本向左移一个 Tab 宽度。
- Indent Marked Text：将所选择文本向右移一个 Tab 宽度。
- Edit：Toggle Bookmark：设置一个标签。
- Edit：Next Bookmark：查找下一个标签。
- Edit：Previous Bookmark：查找上一个标签。
- Edit Bookmarks：打开标签对话框。

图 2.28　Edit 工具栏

2. 应用窗口

CCS 集成开发环境提供 9 种应用窗口,分别为图像显示窗口、图形显示窗口、工程管理窗口、编译运行结果信息窗口、反汇编调试窗口、C 源程序编辑窗口、数据显示窗口、变量观察窗口、BIOS 设置窗口,如图 2.29 所示。

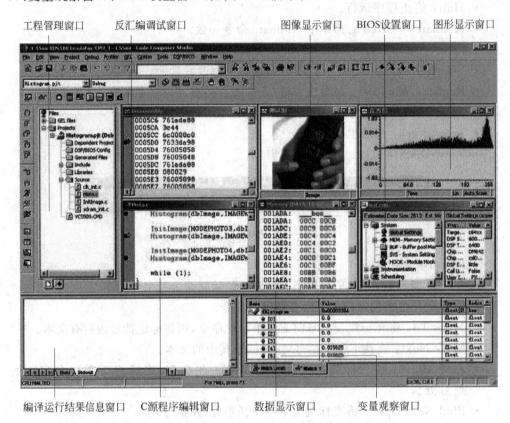

图 2.29　CCS 应用窗口图

2.4　GEL 语言的使用

GEL 是通用扩展语言(General Extension Language)的简称,是一种类似于 C 语言的交互式语言。它是解释执行的,也就是不能被编译成可执行文件。它主要用来扩展 CCS 的功能,当希望上电后立刻开启或实现某些功能,那么可以在项目中装载 GEL 文件(由 TI 提供或用户自行编写)来实现这个目的。此外,项目添加 GEL 文件后,也可以为 CCS 的 GEL 菜单添加相关的子菜单,方便用户调试控制程序。

GEL 文件并非是必需的。对于硬仿真环境来说,是没有必要使用的,它主要针对软仿真环境,通过 GEL 文件为其准备一个虚拟的 DSP 仿真环境,但也不是非用不可。

2.4.1　GEL 函数的定义

GEL 函数可在任何能输入 C 表达式的地方调用,既可以在任何可输入 C 表达式的对话框中调用,也可以在其他 GEL 函数中调用。但不支持递归。

GEL 函数只是在仿真器和目标系统上电的时候起到初始化 DSP 的作用,在上电后再改变 GEL 函数将不会对 DSP 产生影响,除非断电后再上电。CCS 提供了一系列嵌入 GEL 的函数,比如 CCS 启动时自动运行 StartUp()函数等,使用这些函数,用户可以控制仿真/实际目标板的状态,访问存储器,并在输出窗口中显示结果。

其函数定义形式如下。

```
函数名([参数1],[参数2],…)
{
    函数语句
}
```

其中,函数名前不标明任何返回值类型,参数 1、参数 2 等参数也不需要定义参数类型,这些参数类型信息会自动从数据值获得,如果非要定义,它只支持 int 类型。

与 C 语言类似,其函数语句同样支持 return,if-else,while,♯define 等常用语句。

2.4.2　调用 GEL 函数

要想使用 GEL 函数,必须将其定义在.gel 格式文件中,同时必须载入到 CCS 之中才能够访问这个文件中的函数。

其载入的方法有两种,一种是打开 File 菜单,选择 Load Gel 命令,打开所需的GEL 文件;另一种方法是在工程视图窗口中的 GEL Files 目录上右击,在【打开】对话框中完成 GEL 文件的选择,如图 2.30 所示。

图 2.30　装载 GEL 文件

　　需要注意的是,这两种方法加入 GEL 文件都是在程序编译前,同时 GEL 加载器在加载 GEL 文件时检查其语法错误,但不检查变量是否已定义。

2.4.3　将 GEL 函数添加到 GEL 菜单中

　　要想将 GEL 函数添加到 GEL 菜单中,需要使用 menuitem 关键词在 GEL 菜单下创建一个新的下拉菜单列表(一级菜单),再使用 hotmenu,dialog 和 slider 在该菜单项中添加新的菜单项(二级菜单)。

　　举例如下。

```
Menuitem  "C5416_Configuration";
                        /* 在 CCS 的 GEL 菜单下添加 C5416_Configuration 菜单项 */
hotmenu CPU_Reset()     /* 在 C5416_Configuration 菜单下添加 CPU_Reset 二级菜单项 */
{
    PMST = PMST_VAL;
    BSCR = BSCR_VAL;
    GEL_TextOut("CPU Reset Complete.\n");
}

hotmenu C5416_Init()    /* 在 C5416_Configuration 菜单下添加 C5416_Init 二级菜单项 */

{
    GEL_Reset();
    PMST = PMST_VAL;
    BSCR = BSCR_VAL;
    C5416_Periph_Reset();
    GEL_XMDef(0,0x1eu,1,0x8000u,0x7f);

    GEL_XMOn();
    GEL_MapAdd(0x00080u,0,0x7F80u,1,1);      /* DARAM0 - 3, prog page 0 */
    GEL_TextOut("C5416_Init Complete.\n");
}
```

　　加载后在 GEL 菜单下添加的菜单项如图 2.31 所示。

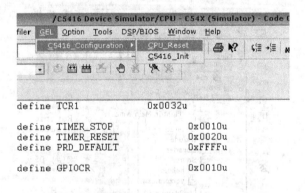

图 2.31　将 GEL 函数添加到 GEL 菜单

dialog 和 slider 关键词的用法也比较简单,可参看 C:\ti\cc\gel 目录下所给例程。

2.5　开发一个简单的 DSP 应用程序

本节使用一个实例介绍在 CCS 中创建、调试和测试应用程序的基本步骤,以此为 CCS 的开发奠定基础。

2.5.1　创建一个新的工程

(1) 在设置好 CCS 的软仿真的基础上,双击桌面 CCS 图标,进入 CCS 软仿真环境,注意蓝色标题栏的区别,如图 2.32 所示。

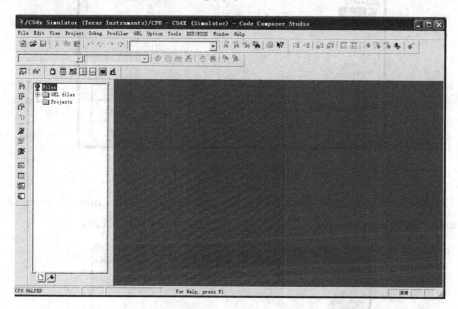

图 2.32　CCS 软仿真界面

(2) 选择 Project|New,出现对话框,如图 2.33 进行设置(此处将工程保存的路径为 c:\ti\my project)。

图 2.33　创建工程图

（3）单击【完成】，则新建了一个名为 volume 的工程。

2.5.2　将文件添到该工程中

向一个工程中添加文件的操作步骤如下。

（1）选择 Project | Add Files to Project，打开对话框如图 2.34 所示，文件类型选择 C Source Files(* . c；* . ccc)，选择 volume. c 文件，如若向工程中添加汇编语言，可将文件类型选择 Asm Source Files(* . a * ；* . s *)。单击【打开】按钮。

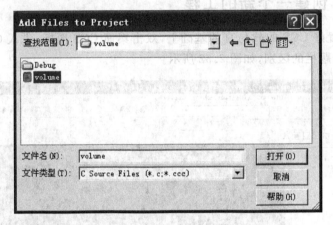

图 2.34　添加 volume. c 文件

（2）选择 Project | Add Files to Project。文件类型选择 Linker Command File(* . cmd)，选择 volume. cmd 文件，如图 2.35 所示，单击【打开】按钮。

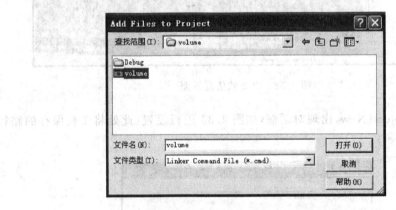

图 2.35　添加 volume. cmd 文件

（3）选择 Project | Add Files to Project。选择 C:\ti\C5400\cgtools\lib，文件类型改为 Object and Library Files(* . o * ；* . l *)，添加库文件，如图 2.36 所示，单击【打开】按钮。注意 C 语言必须添加此库文件，汇编语言不用。

（4）此时可看到工程中出现了 volume. c, volume. cmd, rts. lib，如图 2.37 所示。

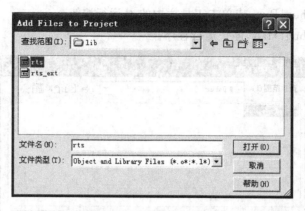

图 2.36　添加 rts.lib 文件

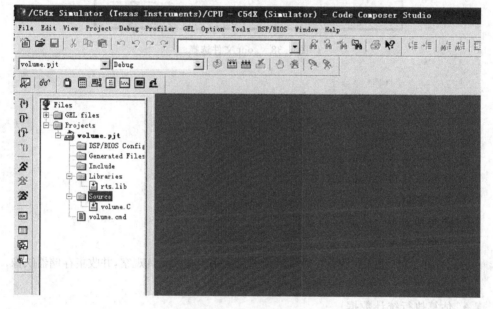

图 2.37　工程界面窗口

2.5.3　编译链接和运行程序

编译链接和运行程序步骤如下。

(1) 选择 Project|Rebuild All 或单击 ▦ 按钮。

(2) 选择 File|Load Program,打开对话框如图 2.38 所示,路径为 C:\ti\my Project\volume\Debug\volume.out,选择 volume.out,单击【打开】按钮。注意:文件类型为 *.out。

(3) 选择 Debug|Go Main,使程序从 main 函数开始执行,程序将在 main 停止,由 ⇨ 指出。

（4）选择 Debug|Run,或单击工具栏中的 ⚔ 运行按钮。

（5）选择 Debug|Halt,停止运行程序。

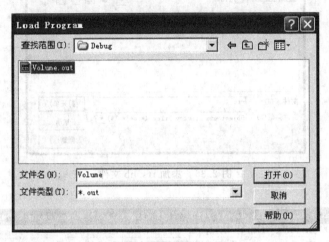

图 2.38　.out 文件选择

2.5.4　调试程序

CCS 有以下调试功能:

- 设置可选择步数的断点;
- 在断点处自动更新窗口;
- 查看变量;
- 观察和编辑存储器和寄存器;
- 观察调用堆栈;
- 对流向目标系统或从目标系统流出的数据采用探针工具观察,并收集存储器映像;
- 绘制选定对象的信号曲线;
- 估算执行统计数据;
- 观察反汇编指令和 C 指令。

下面针对程序主要讲解设置断点的程序调试方法。

调试程序步骤如下。

（1）设置软件调试断点:在项目浏览窗口中,双击 volume.c 激活这个文件,移动光标到 main()函数所在行上,右击选择 Toggle Breakpoint 或按 F9 设置断点(另外,双击此行左边的灰色控制条也可以设置或删除断点标记),如图 2.39 所示。

（2）利用断点调试程序:选择 Debug|Run 命令或按 F5 运行程序,程序会自动停在 main()函数上。

（3）按 F10 键执行到 write_buffer()函数。

（4）再按 F8 键,程序将转到 write_buffer 函数中运行。

（5）此时，为了返回主函数，按 Shift＋F7 键完成 write_buffer 函数的执行。

（6）再次执行到 write_buffer 一行，按 F10 键执行程序，对比与按 F8 键执行的不同。提示：在执行 C 语言的程序时，为了快速地运行到主函数调试自己的代码，可以使用 Debug|Go main 命令。

图 2.39 断点调试窗口

2.6 小结

本章对 DSP 的开发平台 CCS 做了介绍，给出了 CCS 的安装、软仿真的设置和硬仿真的设置，并对 CCS 的各个菜单功能做了介绍，最后给出了一个调试程序的例子，从而使读者在最短的时间内能够对 CCS 有一个基本的认识，并能快速上手。

习题 2

（1）CCS 开发平台都有哪些功能？

（2）CCS 的 Simulator 和 Emulator 有区别吗？都适用于哪些场合？在 CCS 开发环境中哪些地方两者有区别？

（3）CCS 的 Profiler 功能主要用来做什么？

第3章

TMS320C54x系列DSP硬件结构

DSP 芯片属于专用微处理器,是为满足数字信号处理要求的特定运算所设计的微处理器,掌握 DSP 器件的基本结构和特性,是设计数字信号处理应用系统的基础。为了达到更好的性价比,不同厂家针对不同用途设计的 DSP 器件各不相同,但都具有哈佛结构和硬件乘法电路等基本特征。所以,熟练掌握其中一种 DSP 器件的结构和应用,就可以很快地学会其他不同 DSP 器件的应用。

TMS320C5000 DSP 由于具有高速度、低功耗、小型封装和最佳电源效率等优点被携设备及无线通信等领域广泛应用。TMS320C54x 是 TMS320C5000 系列的一个子系列,本章将详细讲解 TMS320C54x 系列 DSP 器件。

3.1 TMS320C54x DSP 的特点与基本结构

对于同一系列的 DSP 器件,各种型号的器件所采用的 CPU 是基本相同的。TMS320C54x DSP 芯片中各种型号的器件内部 CPU 结构完全相同,只是在时钟频率、工作电压、片内存储器容量大小、外围设备和接口电路的设计上有所不同。表 3.1 为TMS320C54x DSP 芯片的技术特征。

表 3.1　TMS320C54x 系列 DSP 芯片的技术特征

Featrues	C5401	C5402	C5404	C5407	C5409	C5410	C5416	C5420	C5441	C5470
MIPS	50	30/80/100/160	120	120	30~160	100~160	160	200	532	100
RAM/K	8	16	16	40	32	64	128	200	640	72
ROM/K	4	4/16	64	128	16	16	16	—	—	—
McBSP	2	2	3	3	3	3	3	6	12	2
HPI	8bit	8/16bit	8/16bit	8/16bit	8/16bit	8/16bit	8/16bit	16bit	8/16bit	—
DMA	6ch	6ch	6ch	6ch	6ch	6ch	6ch	12ch	24ch	6ch
USB										
UART	—	—	X	X						2
I²C	—	—								1
Timer	2	2	2	2	1	1	1	2	4	3
Core Voltage/V	1.8	1.8/1.5	1.5	1.5	1.5	1.5	1.5	1.8	1.5	1.8

续表

Featrues	C5401	C5402	C5404	C5407	C5409	C5410	C5416	C5420	C5441	C5470
Power/mW	40 (50MHz)	60 (100 MHz)	50 (100 MHz)	50 (100 MHz)	72 (100 MHz)	80 (120 MHz)	90 (160 MHz)	266 (100 MHz)	550 (133 MHz)	200 (100 MHz)
Package	144LQFP 144BGA	144LQFP 144BGA	144LQFP 144BGA	144LQFP 144BGA	144LQFP 144BGA	144LQFP 144BGA	144LQFP 144BGA	144LQFP 144BGA	176LQFP 169BGA	257BGA
Samples	—	—	—	—	—	—	—	—	—	—
Production	NOW	NOW	NOW	NOW	NOW	NOW	NOW	NOW	NOW	NOW
Price(10KU)	$3.87	$5~ $9.9	$10.02	$15.56	$7.50~ $14	$16~ $19	$24	$50	$100	$17.57

3.1.1 TMS320C54x DSP 的基本结构

TMS320C54x系列DSP器件的基本结构如图3.1所示。图中上半部分是增强的哈佛总线结构,下半部分是CPU(中央处理单元)核心。

哈佛总线结构不同于单片机和微处理器采用的冯·诺依曼结构,在哈佛结构中,可以把程序和数据分别存储在物理上相互独立的程序存储器和数据存储器中,每个存储器可以通过一条甚至多条总线与其他部分进行数据传输,这样就实现了程序和数据传输的相互独立,从而可以实现局部并行的总线体系结构,即取指令操作、执行指令操作和数据交换都可以并行进行,从而提高了数据的吞吐率和指令执行速度。

CPU决定DSP的运算速度和程序执行效率,TMS320C54x DSP的CPU主要由CPU(或称DSP内核)、片内存储器、片上外围电路、总线及外部总线接口等部分组成。本章仅对CPU和片内存储器部分做详细讲解。

3.1.2 TMS320C54x DSP 的主要特点

TMS320C54x DSP的主要特点如下。

(1) CPU可以实现高效的数据存取能力和数据处理能力。

- TMS320C54x DSP结构以8条16位总线为核心,即1条程序总线、3条数据总线和4条地址总线组成改进型哈佛结构,因此CPU具有同时访问程序区和数据区的能力,还可以进行双操作数读操作,32位的双字读和并行的单字数据读/写能力。
- 一个40位的算术逻辑单元(ALU)、两个40位的独立的累加器A,B和一个40位的桶形移位器。
- 17位×17位的并行乘法单元和专用的40位加法器用于无等待状态的单周期乘/累加操作,指数译码器可以在单周期内对40位的累加器进行指数运算。
- 比较/选择/存储单元(CSSU)能够完成维特比(Viterbi,通信中的一种编码方式)的加/比较/选择操作。

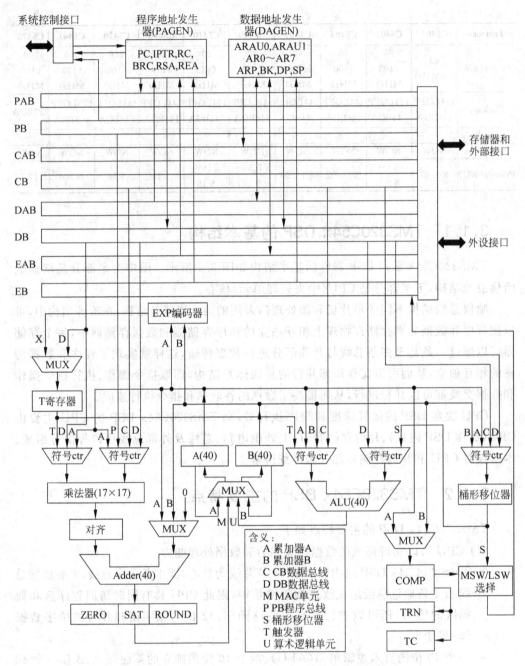

图 3.1　TMS320C54x 系列 DSP 器件的基本结构

（2）支持 192K 字的存储空间管理,分为 3 部分：64K 字程序存储空间、64K 字数据存储空间和 64K 字的 I/O 空间。对于片内存储器配置,各种型号的器件都有所不同。

（3）专业的指令集可以帮助快速实现复杂算法和优化编程。

· 单指令重复和块指令重复。

- 用于更好地管理程序存储器和数据存储器的块移动指令。
- 32 位长整数操作指令。
- 指令同时读取 2 个或 3 个操作数。
- 并行存储和加载的算术指令。
- 条件存储指令。
- 快速中断返回指令。

（4）因为执行指令速度快。TMS320C54x DSP 执行单周期定点指令时间可以为 25/20/15/12.5/10ns,对应每秒指令数分别为 40/66/100MIPS。

（5）因为 TMS320C54x DSP 是为低功耗、高性能设计的,所以它的电源可以处于低功耗状态,可以在 3.3V 和 2.7V 电压下工作,三个低功耗方式(IDLE1,IDLE2 和 IDLE3)可以节省功耗,以便 DSP 更适合无线移动设备。

（6）智能外设可以很方便地实现与外部处理器的数据通信和对芯片的仿真与测试。

3.2　TMS320C54x DSP 的总线结构

TMS320C54x DSP 的总线以 8 条 16 位总线为核心,形成了支持高速指令执行的硬件基础,这 8 条总线包括 4 条程序/数据并行总线(1 条程序总线、3 条数据总线)和 4 条地址总线。

1. 程序总线 PB

程序总线 PB 负责把从程序存储器取出的指令代码和立即数送至数据空间的目的地址以执行数据移动指令。这一特征与一个机器周期可实现寻址两次的存储器——双端口 RAM 相结合,以支持像 FIRS 等单周期、3 操作数指令的执行。

2. 3 条数据总线 CB,DB 和 EB

CB,DB 和 EB 数据总线分别与不同的功能单元相连,其中,CB 和 DB 用于从数据存储器读出数据,EB 用于传送待写入存储器的数据。TMS320C54x 还有一组供片内外设器件通信的片内双向总线,这组总线轮流使用 DB 和 EB 与 CPU 连接,访问者使用这组总线进行读/写操作需要两个或多个周期,具体所需周期数取决于片内外设的结构。表 3.2 显示了读/写访问操作时各种不同类型的总线占用情况。

3. 4 条地址总线 PAB,CAB,DAB 和 EAB

PAB,CAB,DAB 和 EAB 是用于提供执行指令所需地址的 4 条地址总线。TMS320C54x 使用两个辅助寄存器算术单元(ARAU0 和 ARAU1),可以在每个周期最多能产生 2 个数据存储器地址。

表 3.2　读/写访问时的总线占用说明

访 问 类 型	地 址 总 线				数 据 总 线			
	PAB	CAB	DAB	EAB	PB	CB	DB	EB
程序读	√				√			
程序写	√							√
单数据读			√				√	
双数据读		√	√			√	√	
32bit 长数据读		√	√			√	√	
		hw	lw			hw	lw	
单数据写				√				√
数据读/写				√			√	√
双数据读/系数读	√	√	√		√	√	√	
外设读				√			√	
外设写				√				√

3.3　TMS320C54x DSP 的 CPU 结构

　　CPU 决定了 DSP 的运算速度和程序效率,为了能在一个指令周期内完成高速的算术运算,TMS320C54x DSP 的 CPU 采用了流水线指令执行结构和相应的并行结构设计。CPU 的寄存器在存取数据时,可以使用寄存器寻址方式,以达到快速保存和恢复数据的目的。

　　TMS320C54x DSP 的 CPU 中主要包括如下基本功能部件:

- 一个 40 位的算术逻辑单元(ALU);
- 两个 40 位的累加器寄存器;
- 一个支持 16 到 31 位移位范围的桶形移位寄存器;
- 乘法累加单元(MAC);
- 16 位的暂存器(TREG);
- 16 位的状态转移寄存器(TRN);
- 比较/选择/存储单元(CSSU);
- 指数编码器。

下面分别详细介绍各部分的功能。

3.3.1　算术逻辑运算单元

　　使用算术逻辑单元(ALU)和两个累加器(A,B)能够完成二进制的补码运算,同时,ALU 还能够完成布尔运算,大部分运算能在一个时钟周期内完成。ALU 逻辑结构如图 3.2 所示。

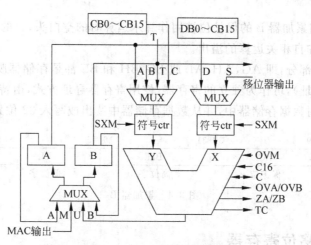

图 3.2 ALU 逻辑结构框图

ALU 的两个输入操作数可以来自 16 位的立即数、数据存储器中的 16 位字、暂存器 T 中的 16 位字、数据存储器中读出的 2 个 16 位字、累加器 A 或 B 中的 40 位数或移位寄存器的输出。要注意的是，ALU 通过指令识别输入数据，所以 ALU 的输入方式和处理方式选择完全依赖于所使用的指令格式，在指令部分的讲解中对此会有详细说明。

ALU 的 40 位输出结果送入累加器 A 或 B。如果把状态寄存器 ST1 中的 C16 设置为 1，就选择了 C54x 中的双 16 模式，即可以在一个周期内完成两次 16 位操作。

ALU 具有一个相关进位位 C，C 位除了用来说明是否有进位发生外，可以作为运算结果的最高位，还可以作为分支、调用、返回和条件等操作的执行条件。C 位的数值受大多数 ALU 操作指令的影响，其中包括算术操作、循环和移位操作，也可以通过在程序中使用寄存器操作指令更改 C 位的内容，对其置 1 或清零。当硬件复位时，C 位置 1。当运算结果溢出时，如果状态寄存器 ST1 中的 OVM＝0，则用 ALU 的运算结果装载累加器并不做其他调整；如果 OVM＝1，则用 32 位最大正值（007FFFFFFFH）（当正向溢出时）或 32 位最大负值（FF80000000H）（当负向溢出时）来装载累加器。

3.3.2 累加器

累加器 A 和累加器 B 可作为 ALU 或乘法器/加法器单元的目的寄存器。累加器 A 和 B 之间唯一区别是累加器 A 的 16～32 位能被用作乘/加单元中乘法器的输入，而累加器 B 不能。

累加器 A 或 B 可分为三部分：保护位（或称前导位）、高位字和低位字。累加器 A 和 B 的示意图如图 3.3 和图 3.4 所示。

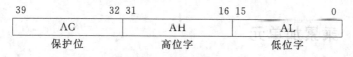

图 3.3 累加器 A

累加器 A 和累加器 B 的保护位被用作算术运算时的空白头,目的是防止迭代运算中产生溢出,例如自相关运算的溢出。

累加器的三部分,即 AG,AH,AL 或 BG,BH 和 BL 都是存储器映射寄存器(在存储空间中占有地址),可作为独立的寄存器,使用寄存器寻址方式,由特定的指令将其内容放到 16 位映射数据存储器中,并从数据存储器中读出或写入 32 位累加器值。

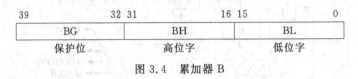

图 3.4　累加器 B

3.3.3　移位寄存器

桶形移位器功能框图如图 3.5 所示,它通过对输入的数据进行 0～31 位的左移和 0～15 位的右移来实现对数据的格式化操作,例如,在 ALU 操作之前把输入数据存储器操作数或累加器的值先进行格式化处理,完成累加器值的逻辑或算术移位,归一化累加器,并在将累加器的值存入数据存储器之前对累加器完成比例处理。从图 3.5 中可以看出,移位寄存器的输入数据来自数据总线 DB 的 16 位输入数据、CB 的 16 位输入数据及任意一个累加器,按照指令中的移位数对输入数据移位,将结果输出到 ALU,并经过 MSW/LSW(最高有效字/最低有效字)写选择单元送至 EB 总线。移位数在指令中用二进制补码表示,正值表示左移,负值表示右移。移位数可由立即数、状态寄存器 ST1 中的累加器移位方式(ASM)字段和被指定为移位数值寄存器的暂存器 T 来决定。

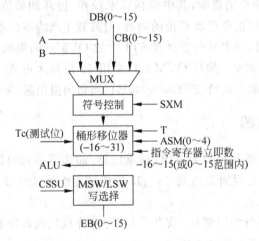

图 3.5　桶形移位寄存器功能框图

3.3.4　乘累加单元

TMS320C54x CPU 的乘累加单元结构图如图 3.6 所示,由 17 位×17 位的硬件乘法器、40位专用加法器、符号位控制逻辑、小数控制逻辑、0检测器、溢出/饱和逻辑和16位的暂存器(T)等部分组成。乘法累加单元(MAC)和ALU并行工作可实现在一个周期内完成一次17位×17位的乘法(有/无符号的整数、小数乘法均可)和一次40位的加法,并可对结果进行舍入处理。

乘法累加单元的一个输入操作数来自T寄存器、数据存储器或累加器A(16~31位);另一个则来自于程序存储器、数据存储器、累加器A(16~31位)或立即数。乘法器的输出加到加法器的输入端,累加器A或B则是加法器的另一个输入端,最后结果送往目的累加器A或B。

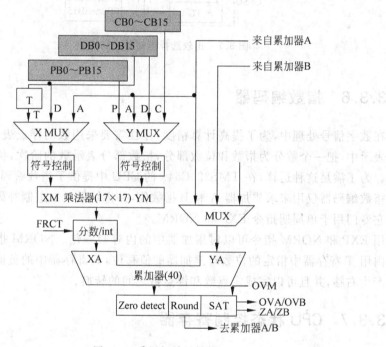

图3.6　乘累加单元结构图

3.3.5　比较选择存储单元

CSSU是一个具有特殊用途的硬件单元,专门用于通信领域的维持比(Viterbi)算法的加法/比较/选择(ACS)运算。CSSU单元结构如图3.7所示,该单元支持各种Viterbi算法并利用优化的片内硬件加速Viterbi的蝶形运算,其中加法由ALU单元完成,只要将ST1中的C16置1,所有的双字指令都会变成双16位算术运算指令,这样ALU就可以在一个机器周期内完成两个16位数的加/减法运算,其结果分别存放在累加器的高16位和低16位中。

CSSU通过CMPS指令、一个比较器和16位的转移寄存器来完成比较和选择操作。在比较选择操作中,比较指定累加器的两个16位部分并把比较结果移入TRN寄存器的第 0 位,比较结果也存入 ST0 寄存器的 T0 位。根据比较结果,选择累加器中较大的字(AH 或 AL),存入数据存储器。

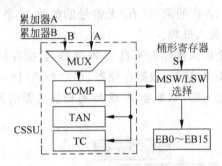

图 3.7　比较选择存储单元结构图

3.3.6　指数编码器

在数字信号处理中,为了提高计算精度,往往需要采用数的浮点表示方法,在数的浮点表示中,把一个数分为指数和位数部分,指数部分表示数的阶次,位数表示数的有效值。为了满足这种运算,在 TMS320C54x 的 CPU 中提供了指数编码器和指数指令。

指数编码器仅用来求累加器 A 和 B 指数值,并将结果以二进制补码形式存放于 T 中。它专门用于单周期指令 EXP 和 NORM。

用 EXP 和 NORM 指令可以对累加器中的内容归一化。NORM 指令支持在一个周期内用 T 寄存器中指定的位数对累加器的值移位,T 寄存器中的负值使累加器中的内容产生右移,并且可以完成定点数和浮点数之间的转换。

3.3.7　CPU 状态控制寄存器

TMS320C54xCPU 有下列 3 种状态控制寄存器: 状态寄存器 ST0、状态寄存器 ST1 和处理器工作方式状态寄存器 PMST。

ST0 和 ST1 保存着各种状态和方式,PMST 包含着存储器建立状态和控制信息。因为这些寄存器是存储器映射寄存器,所以可以通过指令中操作数的存储器寻址方式,通过对数据存储器的存取实现对这三个寄存器的操作,存储器的状态能够在子程序和中断服务程序中保存和恢复。

1. 状态寄存器

ST0 中各数据位的说明如图 3.8 所示。

15～13	12	11	10	9	8～0
ARP	TC	C	OVA	OVB	DP

图 3.8　ST0 状态寄存器各位定义

对 ST0 中各数据位的功能说明如下。

ARP——辅助寄存器指针。指定用于兼容模式下间接寻址的辅助寄存器,标准模式时,APR 将始终为 0。复位值为全 0。

TC ——测试/控制标志。存储 ALU 的测试位操作结果;也可根据其位值(0/1)决定条件分支、调用、执行和返回指令的动作。复位值为 1。

C——进位位。复位值为 1。

OVA——累加器 A 的溢出标志。复位值为 0。

OVB——累加器 B 的溢出标志。复位值为 0。

DP——数据存储器页指针。DP 的 9 位与指令字中的低 7 位连接,形成间接寻址的 16 位地址,这一操作在 CPL=0 时有效。复位值为 0。

ST1 中各数据位的说明如图 3.9 所示。

15	14	13	12	11	10	9	8	7	6	5	4~0
BRAF	CPL	XF	HM	INTM	0	OVM	SXM	C16	FRCT	CMPT	ASM

图 3.9　ST1 状态寄存器各位定义

对 ST1 中各数据位的功能说明如下。

BRAF——指令块重复执行激活标志。复位值为 0。

CPL——编译器方式设定,指定哪一个指针用于直接寻址。复位值为 0。

CPL=0,使用数据段指针 DP;CPL=1,使用堆栈段指针 SP 寻址。

XF——外部标志(XF)管脚状态。复位值为 1。

HM——挂起方式,指示当接到一个 HOLD 信号时处理器是否继续执行内部指令。

HM=0,处理器一直在内部程序存储器运行,而外部存储器挂起,并把外部总线置为高阻;HM=1,处理器内部挂起。复位值为 0。

INTM——中断方式设定。用于打开或屏蔽全部中断。复位值为 1。

0——保留位,未使用。此位总为 0。

OVM——溢出方式设定。决定当累加器溢出时重新装入累加器的数值。复位值为 0。

SXM——符号扩展方式。复位值为 1。

C16——双 16 位/双精度方式设定,用来决定 ALU 的运算模式。复位值为 0。

C16=0,ALU 处于双精度方式;C16=1,ALU 处于双 16 位运算方式。

FRCT——乘法器的运算方式位(小数方式位)。当 FRCT=1 时,乘法器输出左移一位以消除多余的符号位。复位值为 0。

CMPT——修正方式位。CMPT=0,在间接寻址方式中不修正 ARP,ARP 必须置为 0;CMPT=1,在间接寻址方式时,ARP 的值可以修改。复位值为 0。

ASM——累加器移位方式位。复位值为 0。

在操作中,可以使用置位指令 SSBX 和复位指令 RSBX 对 ST0 和 ST1 的各个位进行单独置位(置1)或清零(置0)。例如：

```
SSBX    SXM         ; SXM = 1,允许符号扩展
RSBX    SXM         ; SXM = 0,禁止符号扩展
```

APR,DP 和 ASM 字段可以通过 LD 指令装载一个短立即数,ASM 和 DP 也可以通过使用 LD 指令用数据存储器的值来装载。

2. 处理器工作方式状态寄存器

PMST 中的数据决定了 TMS320C54x 芯片的存储器配置情况,PMST 寄存器内容可由存储器映射寄存器指令装载,如 STM 指令。图 3.10 是 PMST 寄存器的结构图。

15~7	6	5	4	3	2	1	0
IPTR	MP/MC	OVLY	AVIS	DROM	CLKOFF	SMUL+	SST+

图 3.10　PMST 寄存器的结构图

对 PMST 中各数据位功能说明如下。

IPTR——中断向量指针。9 位的 IPTR 指向 128 字的程序页,在这 128K 字程序页保存着中断向量。在引导装载操作时,可以重新把中断向量映射到 RAM 区。在复位时,这些位都为 1(复位向量总是驻留在程序存储器空间的 FF80H 地址处。RESET 指令不影响此区域)。

MP/MC——微处理器/微计算机工作方式位。此位决定是否允许在程序存储空间中使用片内 ROM。此位为 0,允许片内 ROM 映射到程序存储空间;此位为 1,表示禁止片内 ROM 映射到程序存储空间。此位可通过软件置位或清零。初始值取决于芯片管脚 MP/MC上的电平,RESET 指令不影响此区域。

OVLY——RAM 重叠位,此位决定片内 DRAM 区是否映射到程序存储空间。此位为 0,表示片内 RAM 仅映射到数据存储空间;此位为 1,表示片内 RAM 既可映射到程序存储空间也可映射到数据存储空间,但数据页 0(0H~7FH)不会映射到程序存储空间。复位值为 0。

AVIS——地址可见位。此位允许/禁止内部程序存储空间地址线出现在芯片外部引脚上。复位值为 0。

DROM——数据 ROM 位。决定片内 ROM 是否可映射到数据存储空间。此位为 0,表示片内 ROM 仅能映射到程序存储空间而不能映射到数据存储空间;此位为 1,表示部分片内 ROM 可以映射到程序存储空间和数据存储空间。复位值为 0。

CLKOFF——时钟输出关断位。当此位为 1 时,表示禁止 CLKOUT 引脚输出,此时 CLKOUT 引脚为高电平。复位值为 0。

SMUL+——乘法器饱和方式位。只有设置 C548 后才有此功能。

SST+——存储饱和位。此位为 1 时,在把累加器内容存储到程序存储器之前,数据进行饱和操作。饱和操作在移位操作之后,一般为保留位。

3.3.8　寻址单元

通过前面图 3.1 TMS320C54x DSP 器件结构图可以看到,TMS320C54x DSP 有两个地址发生器:程序地址生成单元(Program Address Generation Logic,PAGEN)和数据地址生成单元(Data Address Generation Logic,DAGEN)。

1. 程序地址生成单元

PAGEN 包括 5 个寄存器:程序计数器 PC、重复计数器 RC、块重复计数器 BRC、块重复起始地址 RSA 和结束地址 REA(后 4 个寄存器合起来也叫重复寄存器),这些寄存器可支持程序存储器寻址。

CPU 在执行程序时,总是把 PC 中的内容作为下一条要执行的指令存放的首地址,而 PC 的内容是由 PAGEN 加载和控制的。对于顺序结构的程序来说,PAGEN 会使 PC 内容连续递增,以使 CPU 按照指令的书写顺序依次执行,但程序中出现转移、子程序调用、返回、重复、中断等跳转指令时,PAGEN 会用一个非连续的值加载 PC 以导致不依次执行指令。

PAGEN 生成地址,用来访问指令、系数表、16 位立即操作数或其他存储在程序存储器中的信息,并将生成的地址放在程序地址总线上。

TMS320C54x DSP 中,PAGEN、逻辑寄存器和流水线硬件进行地址生成和程序排队操作,形成了指令的流水线。流水线共有 6 级:预取指令、取指、译码、存取、读和执行。在每一级中,执行独立操作,在任意周期,最多可有 6 条不同的指令处于激活状态,每一条指令都处于不同的执行阶段。一般流水线保持全速运行,然而,当发生 PC 不连续时,如分支、调用或返回时,流水线的一个或多个阶段可能变得暂时无用。TMS320C54x DSP 流水线各阶段的操作如图 3.11 所示。

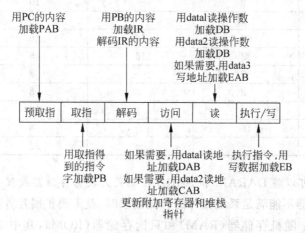

图 3.11　TMS320C54x DSP 流水线各阶段

2. 数据地址生成单元

DAGEN 包括辅助寄存器指针 ARP、循环缓冲区大小寄存器 BK、DP、堆栈指针寄存器 SP、8 个辅助寄存器(AR0~AR7)和 2 个辅助寄存器算术单元(ARAU0 和 ARAU1)。8 个辅助寄存器和 2 个辅助寄存器算术单元一起可进行 16 位无符号数算术运算,支持间接寻址,AR0~AR7 由 ST0 中的 ARP 来指定。

3.4　TMS320C54x DSP 的存储器结构

为了提高数据处理能力,TMS320C54x DSP 芯片提供了片内存储器,包含 ROM 和 RAM,而 RAM 通常有两类:双寻址 RAM(DARAM)和单寻址 RAM(SARAM),也可分别称为双口 RAM 和单口 RAM。TMS320C54x DSP 结构的并行特性和片内 DARAM 的特性,使其在任何给定的机器周期内可完成 4 次并行的存储器操作,即一次取指令操作、两次读操作数操作和一次写操作数操作。使用片内存储器主要有以下的优点:

- 因为无须等待周期故性能更高;
- 比外部存储器成本低、功耗小。

TMS320C54x DSP 因具体器件不同,片内存储器的类型或容量也有些差异,表 3.3 列出了几种常用的 TMS320C54x DSP 器件的片内存储器配置情况。

表 3.3　常用的 TMS320C54x DSP 器件的片内存储器配置

器　件	ROM/K 字		RAM/K 字	
	程序	程序/数据	DARAM	SARAM
C541	20	8	5	—
C542	2	—	10	
C543	2	—	10	
C545	32	16	6	
C546	32	16	6	
C548	2	—	8	24
C549	8	8	8	24
C5402	4	4	16	
C5410	16	—	8	56
C5420	—		32	168

说明:用户可以将 DARAM 和 SARAM 配置为数据存储器或程序/数据存储器。

当片内存储器不能满足系统设计的存储要求时,就需要扩展片外存储器,扩展存储器主要分为两类:随机存储器(RAM)和只读存储器(ROM),其中 RAM 主要指静态 RAM(SRAM);ROM 包括 EPROM,EEPROM,Flash Memory 等,这一类存储器主要用于存储用户程序和系统常数表,一般映射在程序存储空间。本章主要讨论片内存储器。

3.4.1 存储器空间

TMS320C54x DSP的存储器由三个相互独立的可选择的存储空间组成：64K字(16位)程序存储空间、64K字(16位)数据存储空间和64K字(16位)I/O空间。程序存储空间用来存放程序(要执行的指令)；数据存储器空间用来保存执行指令所使用的数据(需要处理的数据或数据处理的中间结果)；I/O存储器空间提供与外部存储器映射的接口,并能够作为外部数据存储空间。

前面提到的片内或片外的程序或数据存储器及外设都要映射到这三个空间。通常,片内的RAM映射在数据存储空间,片内ROM映射在程序存储空间,但可通过设置处理器工作状态寄存器PMST中的MP/$\overline{MC}$、OVLY和DROM三个控制位来实现片内RAM是否可以映射到程序存储空间、片内ROM是否可以映射到程序存储空间或程序和数据存储空间。具体控制说明如下。

- MP/$\overline{MC}$：微处理器/微计算机工作方式位。

  当MP/$\overline{MC}$=0时,允许片内ROM映射到程序存储空间。

  当MP/$\overline{MC}$=1时,禁止片内ROM映射到程序存储空间。

- OVLY：RAM重叠位。

  当OVLY=0时,片内RAM仅映射到数据存储空间。

  当OVLY=1时,片内RAM映射到程序存储空间和数据存储空间。

- DROM：数据ROM位。DROM的状态与MP/$\overline{MC}$的状态无关。

  当DROM=0时,禁止ROM映射到数据存储空间。

  当DROM=1时,允许片内ROM映射到程序存储空间和数据存储空间。

图3.12~图3.15是TMS320C54x DSP具体芯片数据存储空间和程序存储空间

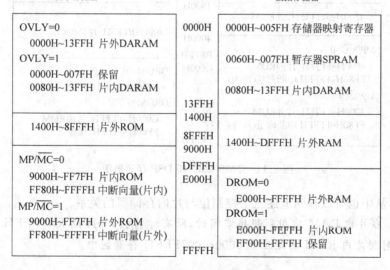

图3.12 TMS320C541 DSP存储器图

程序存储器　　　　　　　　　　数据存储器

```
                                            0000H  0000H~005FH 存储器映射寄存器
 OVLY=0
   0000H~27FFH 片外DARAM                            0060H~007FH 暂存器SPRAM
 OVLY=1
   0000H~007FH 保留
   0080H~27FFH 片内DARAM                            0080H~27FFH 片内DARAM

                                            27FFH
                                            2800H
   2800H~EFFFH 片外ROM

                                            EFFFH
                                            F000H
 MP/MC=0
   F000H~F7FFH 保留                                 2800H~DFFFH 片外RAM
   F800H~FF7FH 片内ROM
   FF80H~FFFFFH 中断向量(片内)
 MP/MC=1
   F000H~FF7FH 片外ROM
   FF80H~FFFFFH 中断向量(片外)
                                            FFFFH
```

图 3.13　TMS320C543 DSP 存储器图

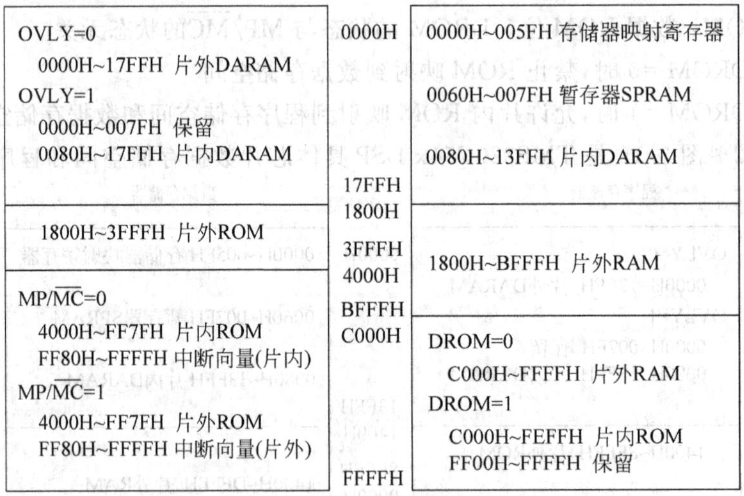

程序存储器　　　　　　　　　　数据存储器

```
                                            0000H  0000H~005FH 存储器映射寄存器
 OVLY=0
   0000H~17FFH 片外DARAM                            0060H~007FH 暂存器SPRAM
 OVLY=1
   0000H~007FH 保留
   0080H~17FFH 片内DARAM                            0080H~13FFH 片内DARAM

                                            17FFH
                                            1800H
   1800H~3FFFH 片外ROM
                                            3FFFH
                                            4000H
                                            BFFFH  1800H~BFFFH 片外RAM
 MP/MC=0                                     C000H
   4000H~FF7FH 片内ROM
   FF80H~FFFFH 中断向量(片内)                        DROM=0
 MP/MC=1                                              C000H~FFFFH 片外RAM
   4000H~FF7FH 片外ROM                              DROM=1
   FF80H~FFFFH 中断向量(片外)                          C000H~FEFFH 片内ROM
                                            FFFFH    FF00H~FFFFH 保留
```

图 3.14　TMS320C545 DSP 存储器图

的配置图,从中也可以看到上述三个控制位与片内存储器的关系。

　　注意:当片内 RAM 映射到程序空间时,所有对 XX0000H 到 XX7FFFH 区域的访问都将映射到片内 RAM 的地址 000000~007FFFFH 存储区中。

图 3.15　TMS320C548 DSP 存储器图

3.4.2　程序存储器

TMS320C54x DSP 可以寻址 64K 字的程序存储空间（TMS320C548，TMS320C549，TMS320C5410，TMS320C5402 和 TMS320C5420 可以扩展到 8M 字），不同型号芯片片内程序存储器的配置情况在前面表 3.3 中已列出。TMS320C54x DSP 的片内 ROM、片内 DARAM 和片内 SARAM 都可以映射到程序存储空间中。

所谓映射到程序存储空间，就是指把片内存储器与程序存储器空间对应起来，通过访问程序存储空间就可以实现对这些片内存储器的访问。片内存储器映射到程序存储器的优点是提高了数据处理速度，因为 CPU 对程序存储器的访问是在程序计数器的控制下自动完成的。

1．程序存储器的配置

以前面的图 3.12 TMS320C541 DSP 存储器图左图为例说明 PMST 中的 MP/$\overline{\text{MC}}$ 和 OVLY 两个状态位对片内存储器映射到程序存储空间的影响。

（1）当 MP/$\overline{\text{MC}}$＝1，OVLY＝0 时，TMS320C541 DSP 工作在微处理器模式下，片内 ROM、片内 RAM 不映射到程序存储空间。

（2）当 MP/$\overline{\text{MC}}$＝0，OVLY＝1 时，TMS320C541 DSP 工作在微计算机模式下，片内的 28K 字 ROM、片内中断向量分别映射到了程序存储器的 9000H～FF7FH，FF80H～FFFFH 地址空间；片内 5K 字 DARAM 映射到了程序存储器的 0080H～13FFH 地址空间。

（3）当 MP/$\overline{\text{MC}}$＝1，OVLY＝1 时，TMS320C541 DSP 工作在微处理器模式下，片内

ROM 不映射到程序存储空间,但片内 DARAM 映射到程序存储空间的 0080H～13FFH 地址空间。

　　(4) 当 MP/$\overline{\text{MC}}$=0,OVLY=0 时,TMS320C541 DSP 工作在微计算机模式下,片内 RAM 不映射到程序存储空间,但片内 ROM 映射到了程序存储空间,映射地址空间同(2)。

2. 复位时片内 ROM 在程序存储器中的映射

　　当芯片复位时,复位、中断及陷阱向量被映射到程序存储器 FF80H 地址开始的存储空间中,然而,TMS320C54x 的中断向量表还可以在器件复位后重新映射到程序存储器中任意一个 128 字的边界上,这就很容易将中断向量表从引导 ROM 中移出来,然后再根据存储器意图重新安排,这对于中断操作有着十分重要的意义。

3. 片内 ROM 的内容和映射

　　TMS320C54x 的片内 ROM 的容量有大有小,大的 ROM(24K 字,28K 字或 48K 字)可把用户的程序代码写进去;小的 ROM(2K 字)由 TI 公司定义。根据不同的型号,TMS320C54x DSP 的 2K 字程序存储空间(F800H～FFFFH)中通常包含以下内容。

- 引导装载程序: 完成串行口、外部存储器、I/O 口或并行口 Bootloader 功能的程序代码。
- 一个 256 字的 μ 律扩展表。
- 一个 256 字的 A 律扩展表。
- 一个 256 字的正弦表。
- 一个中断向量表。

图 3.16 是 TMS320C54x 不同型号芯片片内 ROM 内容及其映射情况。

图 3.16　几种常用芯片的片内 ROM 映射情况

　　注意: 在片内 ROM 中,有 128 个字用于保存检测设备的目的,应用程序不要写到这个存储器地址范围内(FF00H～FF7FH)。

4. 扩展程序存储器

TMS320C54x在程序存储空间采用了分页的扩展存储器技术,可以将程序存储空间最大扩展为8M字。TMS320C548/549/5402/5410/5420芯片中的程序存储器分成128页,每页的长度为64K字。为了能够访问这种分页扩展的程序存储空间,这些芯片具有以下一些增强的特性。

- 23条地址线(TMS320C5402有18条地址线,TMS320C5420有18条地址线);
- 额外的存储器映射寄存器,程序计数器扩展寄存器(XPC);
  芯片通过XPC的值来访问程序存储器的各个页,它包含当前程序存储器地址的高7位,XPC作为存储器被映射到数据存储空间的001EH地址上,硬件复位时,XPC=0。
- 6条额外的指令用于寻址扩展的程序存储空间,改变XPC的值。它们是:
  FB[D]——长跳转;
  FBACC[D]——长跳转到累加器A或B指定的地址;
  FCALA[D]——长调用累加器A或B指定的地址;
  FCALL[D]——长调用;
  FRET[D]——长返回;
  FRETE[D]——带中断允许的长返回。

以下两条指令可以被扩充为累加器的23位数进行寻址:

READA——从累加器A或B指定的程序存储器地址中读取操作数,并把它写到数据存储器地址中;

WRITA——从累加器A或B指定的数据存储器地址中读取操作数,并把它写到程序存储器地址中。

除此之外的其他指令不能影响XPC,它们只能在当前页中进行操作。

3.4.3　数据存储器

TMS320C54x可以寻址64K字的数据存储空间,其片内ROM,DARAM和SARAM都可以通过软件映射到数据存储空间(不同芯片的片内存储器配置情况见表3.6)。如果片内存储器映射到数据存储空间,则芯片在访问程序存储器时会自动访问这些存储单元。当DAGEN产生的地址不在片内存储器的范围内时,处理器会自动地对外部数据存储器寻址。

1. 数据存储器的配置

数据存储器包含片内或片外的RAM,片内的RAM映射到数据存储空间。某些TMS320C54x的芯片还能够把一部分片内ROM映射到数据存储空间中,使其既可以在数据存储空间使用,也可以在程序存储空间使用,这一点在前面已提到过,是通过设置 PMST 寄存器的 DROM 位和 MP/$\overline{\text{MC}}$位实现的。

2. 片内 RAM 配置

片内 RAM 可细分成若干块以提高性能,图 3.17 给出了片内 RAM 的分块图。各 DARAM 块在每个时钟周期内可被访问两次,所以 CPU 可在一个时钟周期内对同一个 DARAM 块进行两次读或写操作;但一个 SARAM 块在一个机器周期只能被访问一次。

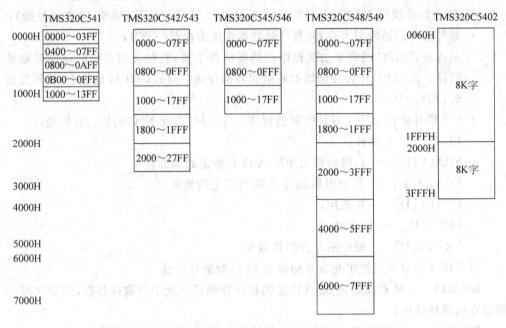

图 3.17　TMS320C54x 不同型号芯片片内 RAM 的分块图

3. 数据存储器映射寄存器

在数据存储器的 64K 字空间中,包含存储器映射寄存器 MMR,它们都放在数据存储空间的第 0 页(0000H～007FH)。数据 0 页包含如下内容:

- CPU 寄存器(共 26 个)映射到 0000H～001FH 地址空间,当寻址这些寄存器时,不需要插入等待状态。
- 外围电路寄存器映射到 0020H～005FH 地址空间,访问它们须使用专门的外设总线结构。
- 32 字的暂存器 SPRAM 映射到 0060H～007FH 地址空间。

3.4.4　I/O 存储器

TMS320C54x 除了程序存储空间和数据存储空间之外,还提供一个 64K 字的 I/O 空间(0000H～0FFFFH),I/O 空间都位于片外,它的作用是与片外设备连接。使用 PORTR 和 PORTW 两条指令可对 I/O 空间寻址。I/O 空间的读/写时序不同于程序和数据存储器,这有助于访问单独I/O映射的设备而不是存储器。

　　TMS320C54x还有一个可屏蔽存储器保护选项,用来保护片内存储器的内容。当选定此项时,所有外部产生的指令都不能访问片内存储器空间。

3.5　TMS320C54x DSP 的片内外设

　　为了满足数据处理的需要,TMS320C54x DSP 除了提供哈佛结构的总线、功能强大的 CPU 以及大范围的地址空间的存储器外,还提供了必要的片内外部设备部件。当然对于不同的型号,外设是不同的,下面就介绍几种常见的片内外设。

3.5.1　中断系统

　　中断是指 DSP 暂时停止原程序执行转而为外部设备服务(执行中断服务程序),并在服务完成后自动返回原程序执行的过程。CPU 在和外设交换信息时通过中断就可以避免不必要的等待和查询,从而提高 CPU 的工作效率,所以中断系统是衡量 CPU 性能好坏的一项重要指标。

1. 中断类型

　　可以从不同的角度对中断进行分类,从引起中断的来源(中断源)进行分类,可分为硬件中断和软件中断。软件中断是由程序指令引起的中断,硬件中断根据中断请求的来源又分为外部中断和内部中断。外部硬件中断由外部中断口的信号触发;内部硬件中断由片内外围电路的信号触发。TMS320C54x DSP 既支持硬件中断也支持软件中断。

　　中断也可分为可屏蔽中断和非屏蔽中断。

　　1) 可屏蔽中断

　　可屏蔽中断指可用软件来屏蔽或开放的中断,即通过对中断屏蔽寄存器(IMR)中的相应位和状态寄存器(ST1)中的中断允许控制位 INTM 编程来屏蔽或开放中断。

　　TMS320C54x DSP 最多可支持 16 个用户可屏蔽中断。

　　2) 非屏蔽中断

　　非屏蔽中断是指通过软件改变 IMR 和 ST1 中的位已不能影响中断是否被屏蔽,TMS320C54x 对这类中断总是立即响应的。TMS320C54x 的非屏蔽中断包括:所有的软件中断、由芯片的复位引脚引起的中断和由芯片的外中断引脚引起的中断。

2. 中断向量

　　TMS320C54x DSP 给每个中断源都分配一个确定的偏移地址,叫中断向量,中断向量中存放中断子程序的入口地址,所有的中断向量放在一起就是中断向量表。表 3.4 为 TMS320C54x DSP 的中断向量表。表 3.4 中的中断在任何 DSP 器件上都可能出现。例如，中断号为 19～25 的与片内设备如定时器、串行口和主机口相关；16～18 号和 24 号中断为用户自定义使用，并且可作为器件外部连接引脚上的物理信号线。

表 3.4　TMS320C54x DSP 中断向量表

中 断 编 号	优 先 级	名 　 称	位 　 置	功 　 能
0	1	RS/SINTR	0	复位（硬件和软件复位）
1	2	NMI/SINT16	4	非可屏蔽的中断
2	—	SINT17	8	软件中断♯17
3	—	SINT18	C	软件中断♯18
4	—	SINT19	10	软件中断♯19
5	—	SINT20	14	软件中断♯20
6	—	SINT21	18	软件中断♯21
7	—	SINT22	1C	软件中断♯22
8	—	SINT23	20	软件中断♯23
9	—	SINT24	24	软件中断♯24
10	—	SINT25	28	软件中断♯25
11	—	SINT26	2C	软件中断♯26
12	—	SINT27	30	软件中断♯27
13	—	SINT28	34	软件中断♯28
14	—	SINT29	38	软件中断♯29，保留
15	—	SINT30	3C	软件中断♯30，保留
16	3	INT0/SINT0	40	外部用户中断♯0
17	4	INT1/SINT1	44	外部用户中断♯1
18	5	INT2/SINT2	48	外部用户中断♯2
19	6	TINT/SINT3	4C	内部计时器中断
20	7	BRINT0/SINT4	50	缓冲串口接收中断
21	8	BXINT0/SINT5	54	缓冲串口发送中断
22	9	TRINT/SINT6	58	TDM 串口接收中断
23	10	TXINT/SINT7	5C	TDM 串口发送中断
24	11	INT3/SINT8	60	外部用户中断♯3
25	12	HPINT/SINT9	64	HPI 中断
26～31	—		68～7F	保留

中断向量表位于程序空间中以 128 字为一页的任何位置。在 TMS320C54x 中，PMST 寄存器中 9 位的中断向量指针（IPTR）形成中断向量地址的高 9 位，中断向量序号乘以 4（左移 2 位），形成中断向量地址的低 7 位，二者连接并组成 16 位的中断向量地址。

复位时，IPTR＝1FFH，并按此值将复位向量映射到程序存储器的 512 页空间中，而每页是 128 字，所以 512 页的起始地址就是 FF80H，即复位后每次都从 FF80H 地址

（即程序计数器 PC 的值）开始执行程序。硬件复位地址是固定不变的,但其他中断向量可以通过改变内容重新安排中断程序的地址。例如中断向量地址指针 IPTR＝0001H,中断向量就被移到 0080H 开始的程序存储空间。

由于 TMS320C54x DSP 可以支持多个中断,那么对于某些中断是否可以不响应,或者当同时提出中断申请时,是否可以设置响应的先后顺序,这些问题可以通过设置中断管理寄存器和设置中断优先级来实现。

TMS320C54x DSP 内部有两个中断管理寄存器:中断标志寄存器(IFR)和中断屏蔽寄存器(IMR)。

1) 中断标志寄存器

IFR 是一个存储器映射的 16 位 CPU 寄存器,映射地址为数据存储空间的 0001H。当一个中断发生时,IFR 中的相应位自动置 1,并保持这个状态直到中断处理完毕。

TMS320C54x DSP 的 IFR 各位表示的中断源定义如图 3.18 所示,即使芯片型号不同但 IFR 中的 0～5 位对应的中断源完全相同,这几个位是外部中断和通信中断标志位。其他位则根据芯片的不同而对应不同的中断源。当对芯片进行复位、中断处理完毕时,使 IFR 的某位置 1,执行 INTR 指令等硬件或软件中断操作时,IFR 的相应位置 1,表示中断发生。通过读 IFR 可以了解是否有中断被挂起,通过写 IFR 可以清除被挂起的中断。在以下 3 种情况下将清除被挂起的中断。

(1) 复位(包括软件和硬件复位);

(2) 相应的 IFR 标志位置 1;

(3) 使用相应的中断号响应中断,即用 INTR ♯K 指令。若有挂起的中断,在 IFR 中该标志位为 1,通过写 IFR 的当前内容,就可以清除所有正被挂起的中断;为避免来自串口的重复中断,应在相应的中断服务程序中清除 IFR 位。

15～11	10	9	8	7	6	5	4	3	2	1	0
保留	保留	HPINT	INT3	TXINT	TRINT	BXINT0	BRINT0	TINT	INT2	INT1	INT0

图 3.18　TMS320C54x DSP 中断标志寄存器 IFR

2) 中断屏蔽寄存器

IMR 也是一个存储器映射的 16 位 CPU 寄存器,映射地址为数据存储空间的 0000H。前面提到过,通过设置 ST1 中的 INTR 位可以屏蔽或打开所有的可屏蔽中断,而通过设置 IMR 中的位可以实现屏蔽或打开某一个可屏蔽中断。TMS320C54x DSP 的 IMR 各位对应中断源的定义见图 3.19。

15～11	10	9	8	7	6	5	4	3	2	1	0
保留	保留	HPINT	INT3	TXINT	TRINT	BXINT0	BRINT0	TINT	INT2	INT1	INT0

图 3.19　TMS320C54x DSP 中断屏蔽寄存器 IMR

通过读 IMR 可以检查中断是否被屏蔽,而通过写可以屏蔽中断(或解除中断屏蔽),在 IMR 位置 0,则屏蔽该中断。

硬件中断信号产生后能否引起 DSP 响应该中断并转去执行响应的中断服务程序,主要受以下 4 个方面的影响(复位、NMI 除外,它们不可屏蔽)。

(1) 状态寄存器 ST1 的 INTM 位为 0,即中断方式位,允许可屏蔽中断;INTM 为 1,禁止可屏蔽中断。若中断响应后 INTM 自动置 1,则其他中断将不被响应。在 ISR (中断服务程序)中以 RETE 指令返回时,INTM 位自动清零,INTM 位可用软件置位,如指令 SSBX INTM(置 1)和 RSBX INTM(清零)。

(2) 当前没有响应更高优先级的中断。

(3) 中断屏蔽寄存器 IMR 中对应此中断的位为 1。在 IMR 中相应位为 1,表明允许该中断。

(4) 在中断标志寄存器(IFR)中对应位置为 1。

软件中断不分优先级,硬件中断分优先级,DSP 的型号不同,优先级的设置也不同。高优先级的中断可以打断正在执行的低优先级中断,反之则不行,同级别的按照中断申请先后顺序执行。在中断向量表中,复位优先级最高,非屏蔽中断次之,然后从中断向量表的外部用户中断 0 号开始,优先级别依次递减。

3. 中断处理流程

TMS320C54x 中断处理分为三个阶段:接受中断请求、响应中断和执行中断服务程序。

当一个可屏蔽中断请求时,TMS320C54x DSP 做如下操作。

(1) 设置 IFR 中的相应位。

(2) 测试响应条件 INTM=0 和 IMR=1。如果条件为真,CPU 响应中断,产生一个中断响应 IACK 信号。否则 DSP 忽略中断,并继续执行主程序。

(3) 中断得到响应后,它在 IFR 中的标志位被清零,并且 INTM 位被置 1 以便没有其他的屏蔽的中断发生。

(4) 程序计数器的当前值 PC 保存到堆栈里。

(5) DSP 转移并执行中断服务程序 ISR,实际上真正发生的是 DSP 内核转移到与中断相关的中断向量地址处。

(6) ISR 由返回指令结束,这个返回指令将从堆栈中弹出返回地址。

(7) DSP 继续执行主程序。

对于非屏蔽中断的中断请求,与可屏蔽中断基本类似。主要的不同是首先要将 PC 值保存到堆栈,再使用寄存器 ST1 中 INTM 全局中断禁用标志,禁用所有的中断后,立即发出中断响应信号 IACK 并且程序流直接转移到相关的中断向量地址。

TMS320C54x DSP 中断处理过程见图 3.20。

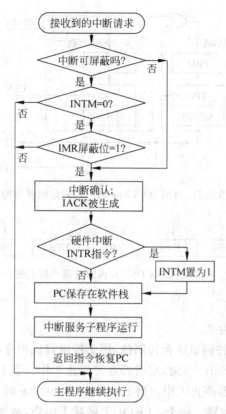

图 3.20　TMS320C54x DSP 中断处理操作过程图

3.5.2　定时器

片内定时器用于事件计数和产生相应中断,一般定时器/计数器能够对许多系统时钟周期计数和产生一个周期性中断,该中断可用于产生精确的采样频率。例如调度程序需要在一系列不同任务之间分配处理时间,虽然用软件实现定时器/计数器简单,但性价比不高;另外,如果要求时钟采样精度很高时,软件方法就难实现,所以片内定时器/计数器有助于提高 DSP 器件性能。

1. 定时器结构

TMS320C54x DSP 中采用的定时器结构如图 3.21 所示。该定时器是一个 16 位的软件可编程定时器,硬件上由 3 个 16 位映射到存储器的寄存器组成:定时寄存器(TIM)、定时周期寄存器(PRD)和定时控制寄存器(TCR),映射到数据存储器的地址分别是 0024H,0025H 和 0026H。TIM 是一个减 1 计数器;PRD 中存放时间常数;TCR 中包含定时器的控制位和状态位,图 3.22 是 TCR 各位的定义,TCR 能决定定时器的工作模式,即是连续工作,仅计数一次,还是停止计数。

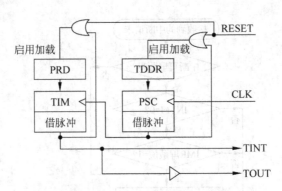

图 3.21　TMS320C54x DSP 片内定时器结构

15~12	11	10	9~6	5	4	3~0
保留	Soft	Free	PSC	TRB	TSS	TDDR

图 3.22　TMS320C54x DSP 片内定时器的控制寄存器 TCR

各位具体说明如下。

保留——常常设置为 0。

Free 和 Soft——软件调试组合控制位,用于控制调试程序断点操作情况下的定时器状态。当 Free=0 且 Soft=0 时,定时器立即停止工作。当 Free=0、Soft=1 且计数器 TIM 减为 1 时,定时器停止工作。当 Free=1 且 Soft=x 时,定时器继续工作。

PSC——预定标计数器。每个 CLKOUT 做减 1 操作,减为 0 时,TDDR 寄存器的值装载到 PSC 寄存器,TIM 减 1,PSC 的作用相当于预分频器。

TRB——定时器重新加载控制位,用于复位片内定时器。当 TRB 置 1 时,PRD 寄存器的值装载到 TIM 寄存器,TDDR 寄存器的值装载到 PSC 寄存器,TRB 常常设置为 0。

TSS——TSS=0,定时器开始;TSS=1,定时器停止。

TDDR——定时器分频比。以此数对 CLKOUT 分频后再去对 TIM 做减 1 操作,当 PSC 为 0,TDDR 寄存器的值装载到 PSC 寄存器中。

2. 定时说明

在 TMS320C54x DSP 中,定时器定时周期通过 16 位的 PRD 寄存器和一个 4 位分频器比率来控制,后者由 TCR 寄存器的 TDDR 位说明。

定时器产生中断的中断周期和中断速率的计算公式分别如下。

$$定时周期 = CLKOUT \times (TDDR+1) \times (PRD+1)$$

$$TINT(RATE) = \frac{1}{CLKOUT \times (TDDR+1)(PRD+1)}$$

其中 CLKOUT 是 DSP 芯片时钟周期。

初始时,定时器 PRD 寄存器和 TCR 寄存器的 TDDR 位用所要求的计数值加载,该 PRD 是 16 位, TDDR 是 4 位, 所以定时器总的计数分辨率是 20 位。当 PRD 和 TDDR 已经用所要求值加载时, 定时器加载值有效并开始向下计数。因为定时器受系统时钟驱动, 接收的每个系统时钟脉冲使定时器计数器减 1, 当预定标器递减到 0 时, 就会产生一个"借"输出脉冲, 该脉冲将 TDDR 值再加载给 PSC 位, 对 TIM 计数值递减 1。这个过程一直延续到 TIM 计数到 0, 会产生一个定时器中断 TINT, 并在相应的 TOUT 管脚上产生一个宽度为 CLKOUT 周期的正脉冲。PRD 值再加载给 TIM, 又开始下一次定时, 过程连续重复直到定时器复位或暂停。在 RESET 后, TIM 和 PRD 被设置为最大值(FFFFH), TCR 中的 TDDR 置 0, 定时器启动。

3.5.3 主机接口

主机接口(HPI)是一种高速、异步并行接口, 通过它可以连接到标准的微处理器总线。主机接口通常在主机和 DSP 内核之间共享一块可以访问的位于 DSP 器件上的存储器。

TMS320C54x DSP 上配置的是一个 8 位 HPI 接口, 其内部简化方框图如图 3.23 所示, 图 3.23 中显示了数据和地址接口以及公用的存储空间。DSP 内核和主机接口可同时访问公用的存储空间, 不涉及总线竞争。通过主机接口, 可实现主机 TMS320C54x DSP 的片内存储器之间的高速交换。

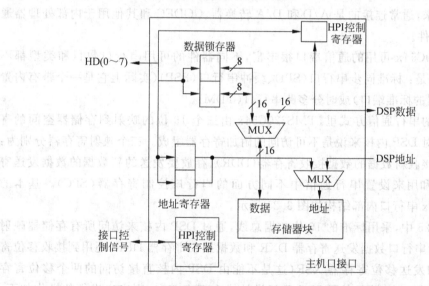

图 3.23 TMS320C54x DSP 主机接口内部简化方框图

在图 3.24 主机与 TMS320C54x DSP 主机接口的引脚连接中, 主机的接口采用 8 条数据线、两条地址线、一条读/写线、 条数据锁存和选通线, 还有一个中断连接以使 DSP 能向主机提出新的数据申请, 虽然没有主机向 DSP 申请的中断连接, 但在主机写新数据时会自动产生主机向 DSP 的中断申请。

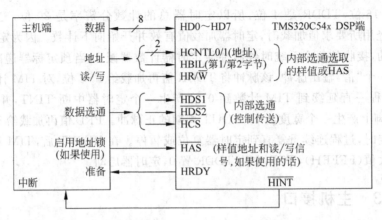

图 3.24　主机与 TMS320C54x DSP 主机接口的连接

3.5.4　串行口

串行口的功能是提供器件内外数据的串行通信,串行通信是指发送器将并行数据逐位移出成为串行数据流,接收器将串行数据流以一定的时序和一定的格式呈现在连接收/发器的数据线上。通过出串行口,可以很容易地将 DSP 器件和不同类型的外部器件连接起来,通常连接的是 A/D 和 D/A 转换器、CODEC 和其他用于内部处理器通信的 DSP 器件。

TMS320C54x 可用的通信端口很丰富,不同器件的可用串行口数目和类型都不同,类型可以是:标准同步串行口(SPI)、缓冲串行口(BSP)(实际上它是一个带有内置 DMA 处理器的标准端口)或时分多路串行口(TDM)。

在标准的串行通信方式里,TMS320C54x 由三个 16 位的映射到存储器空间的寄存器和两个对 DSP 内核来说是不可访问的附加寄存器组成。三个映射寄存器分别为:从到达端口接收新数据的数据接收寄存器(DDR)、存放要发送的新数据的数据发送寄存器(DXR)和用来设置串行通信中不同方面的串行口控制寄存器(SPC)。基本的 TMS320C54x 串行口内部结构如图 3.25 所示。

在图 3.25 中,采用标准的 16 位数据总线,通过 DSP 内核来访问所有存储器映射寄存器,包括串行口数据发送寄存器 DXR 和数据接收寄存器 DRR,还用到接收移位寄存器 RSR 和发送移位寄存器 XSR(这是不能由 DSP 内核直接访问的两个移位寄存器)。假设串行口控制寄存器 SPC 已经设计成全双工双向,则串口进行的操作如下。发送端:将发送的新数据在软件控制下被 DSP 内核加载到 DXR 寄存器中,当前一个发送数据被移出 XSR 时,要发送的新数据从 DXR 并行加载,同时生成一个中断并记入 TRINT(IFR 中的位)中,表示 DSP 内核有新的待发送数据。接收端:接收到的数据字被移入到 RSR,当全部被移入时,该数据被并行加载到 DRR 并生成一个中断并记入 TXINT(IFR 中的位)中,用来指示 DSP 内核有一个新数据可以用。

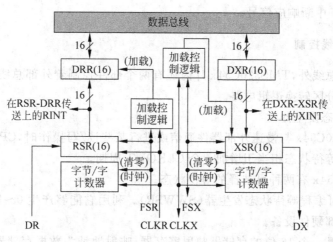

图 3.25　TMS320C54x 串行口内部结构图

3.5.5　外部总线结构

总线是信息传输的通道,是各部件之间的实际互联线。总线不仅存在于芯片内部(用于芯片内各部分器件间的信息传输的总线称为内部总线),也存在于芯片外部(芯片与芯片之间、模板与模板之间、系统与系统之间以及系统与控制对象之间存在的总线,称为外部总线)。

TMS320C54x DSP 的内部总线本章已经讲过,包括 1 条程序总线(PB),3 条数据总线(PB,DB 和 EB)及 4 条地址总线(PAB,CAB,DAB 和 EAB),可以允许 CPU 同时寻址这些总线。外部总线包括数据总线(D0～D15)、地址总线(A0～A15)和控制总线(11 条)其中,TMS320C548 DSP,TMS320C549 DSP 具有 23 条外部地址总线。外部数据总线和地址总线的工作同内部总线相似,主要的控制总线说明如下。

$\overline{\text{IS}}$——I/O 空间选取信号。

$\overline{\text{DS}}$——外部数据存储空间选取信号。

$\overline{\text{PS}}$——外部程序存储空间选取信号。

$\overline{\text{MSTRB}}$——外部程序或数据存储器访问选通信号。

$\overline{\text{IOSTRB}}$——I/O 空间访问选通信号。

R/$\overline{\text{W}}$——读/写信号,用于控制数据的传送方向。

READY——外部数据准备输入信号,与片内软件可编程等待状态发生器合用,可以使 CPU 与各种速度的存储器以及 I/O 设备接口进行通信。当器件速度慢时,CPU处于等待状态,直到慢速器件完成操作并发出 READY 信号后 CPU 才运行。

$\overline{\text{HOLD}}$——存储器接口控制请求信号。

$\overline{\text{HOLDA}}$——响应$\overline{\text{HOLD}}$请求信号;当外设获得了存储器的控制权后,就可以进行直接数据传输(DMA)操作,从而提高程序执行效率。

$\overline{\text{LACK}}$——中断响应信号。

1. 外部总线控制

除了控制总线外,TMS320C54x 片内还有两个部件控制着外部总线的工作:等待状态发生器和分区转换逻辑电路。

1) 等待状态发生器

在 TMS320C54x 与慢速外部器件通信或进行某些读/写操作时,CPU 必须要有等待状态。每个等待状态相当于增加一个 CLKOUT 周期。

TMS320C54x 有两种可选择的等待状态。

(1) 软件可编程等待状态发生器(SWWSR)。利用它能够产生 0~7 个等待状态,不需要任何外部硬件设备。

SWWSR 是一个 16 位的存储器映射寄存器,映射地址为数据存储器的 0028H,其结构如图 3.26 所示。在 SWWSR 中,每 3 位作为一组对应 5 个字块的空间(64K 的程序空间和 64K 的数据空间各分成两个 32K 字块、一个 64K 字块的 I/O 空间),用来定义各个空间插入等待状态的周期数。

15	14~12	11~9	8~6	5~3	2~0
保留	I/O	Hi Data	Low Data	Hi Prog	Low Prog

图 3.26　SWWSR 结构图(源自:TI)

复位时,SWWSR 各位全为 1,所有的空间都被插入 7 个等待状态,这可以保证 CPU 初始化期间能与慢速外部器件正常通信;复位后,用 STM 指令根据需要再对 SWWSR 重设。图 3.27 是访问外部存储器时插入两个等待周期的时序图,从图 3.27 中可以看出各线的状态。

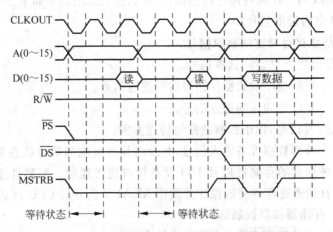

图 3.27　存储器插入两个等待状态的时序图

（2）READY 信号。利用它能够由外部控制产生任何数量的等待状态。

对于多样的 TMS320C54x 系统，仅软件等待状态是不够的。如果外部器件要求插入 7 个以上的等待周期，则可利用硬件 READY 引脚接入。

READY 引脚由慢速外部器件驱动控制，对 DSP 来说是输入信号。当 READY 引脚为低电平时，表明外设尚未准备好，CPU 将等待一个 CLKOUT 周期，并在此校验 READY 引脚。在 READY 信号变为高电平之前，CPU 将不能连续运行，一直处于等待状态。因此，如果不用 READY 信号，应在外设访问期间将其接入高电平。

2）分区转换逻辑电路

可编程分区转换逻辑电路允许 TMS320C54x 在外部存储器分区之间切换时，不需要插入等待状态。当超出程序或数据空间内部存储器分区范围时，可编程分区转换逻辑为防止总线冲突，会自动插入一个周期，以保证在其他设备驱动总线前，存储器可以结束对总线的占用。

2. 外部总线时序

为了更好地理解外部总线的工作，就要了解访问不同寻址空间的操作。图 3.28 和图 3.29 分别是 CPU 访问存储器接口和 I/O 空间的外部信号的时序。

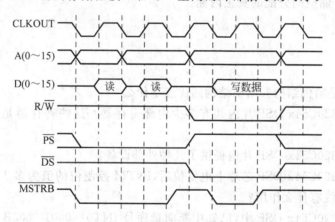

图 3.28　外部存储器读-读-写操作时序

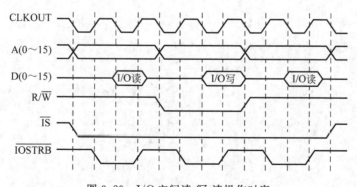

图 3.29　I/O 空间读-写-读操作时序

从图 3.28 可以看出,从读操作开始,DSP 的外部存储器接口放入正确的地址并把程序存储器选择线 PS 放入到要求的状态,这样使得地址解码逻辑与要求的存储器位置相关。R/$\overline{W}$ 选择线由 DSP 保持相应的状态(在图 3.28 中是高电平,表示读操作)。DSP 还使$\overline{MSTRB}$线为低电平,表明这是一个存储器空间选择。存储器对读访问要求的响应时间很短,并且 DSP 仅在第二个 CLKOUT 的下降沿捕获数据总线的状态。对第二个读操作,这个周期重复并且仅仅在第三个 CLKOUT 下降沿从总线上获得数据。写操作时,R/$\overline{W}$ 选择线是低电平,数据在 MSTRB 信号的上升沿被选到存储器中,以确保数据最终被选通前,总线信号里存在的任何瞬态信号能被固定。

图 3.29 所示的 I/O 空间读-写-读操作与图 3.28 有相似的顺序,然而此处$\overline{IOSTRB}$和$\overline{IS}$信号用来选择数据和 I/O 地址映射。

3.6 小结

本章介绍了 TMS320C54x DSP 的内部硬件结构,并对片内器件做了详细描述,重点介绍了存储器映射及存储空间的分配,在以后的工程实践中,对这部分内容要灵活运用,充分理解存储空间分配的真正内涵。

习题 3

(1) 什么是哈佛结构? 哈佛结构的优点是什么?

(2) TMS320C54x DSP 片内共有多少内部寄存器? 这些寄存器是否采用了存储器映射结构?

(3) TMS320C54x DSP 片内提供了几种外部设备?

(4) TMS320C54x DSP 芯片上电复位后,INTM 控制位的值为多少? 这种状态对 DSP 的中断系统有什么作用?

(5) TMS320C54x DSP 中,已知中断向量序号 INT0=0001 0000B=10H,中断向量地址指针 IPTR=0001H,求中断向量地址。

第4章
TMS320C54x的数据寻址方式

第3章讨论了TMS320C54x DSP片内的结构,它可以帮助我们更好地了解该系列的DSP,同时也利于帮助如何使用该系列的DSP,我们使用DSP都是通过编写程序,让DSP执行程序,也就是执行程序中的若干条指令来实现的。本章主要讲解TMS320C54x DSP数据寻址方式,第5章主要讲解TMS320C54x DSP指令系统及程序的编写和执行过程。

在指令系统中通常有两个部分:操作码部分和操作数部分,操作码是指具体要执行的操作,它通常以规定的助记符(即操作符)形式出现,例如,赋值操作用LD表示,加法操作用DADD表示,不同型号的DSP规定不同;操作数指操作的对象,通常分源操作数(第一个操作数,指初始操作数据)和目的操作数(第二个操作数,指操作结果数据)。在执行指令时,CPU首先要找到源操作数,然后再根据操作码对操作数进行操作,最后把结果放到指令中指定的目的操作数位置。不同型号的DSP,操作数在指令中的表示方式不同,可以在指令中直接出现操作数,也可以把操作数放到寄存器或存储单元中,而在指令中出现寄存器名称或存储单元地址等。因此,CPU执行程序实际上主要是寻找操作数(即数据寻址)并对其进行操作。

TMS320C54x DSP中,操作数可以以16位或32位两种形式存放在寻址空间中,但只有双精度和长字指令(如表4.1所示)才能实现对32位数的存取。操作数的存放范围很宽,可以放在片内ROM/RAM、片内寄存器也可以放在片外ROM/RAM。为了实现这一操作数范围内的寻址,TMS320C54x DSP的指令系统共使用了7种数据寻址方式,如表4.2所示。

表4.1 寻址32位数的指令

指　　令	含　　义
DADD	双精度/双16位数加到累加器
DADST	双精度/双16位数与T寄存器值相加/减
DLD	双精度/双16位长字加载累加器
DRSUB	从双精度/双16位数中减去累加器值
DSADT	长操作数与T寄存器值相加/减
DST	累加器值存到长字单元中
DSUB	从累加器中减去双精度/双16位数
DSUBT	从长操作数中减去T寄存器值

注意:在对 32 位数寻址时,先处理高有效字,再处理低有效字。如果寻址的第一个字处在偶地址,那么第二个字就处在接下来的高地址(偶地址＋1)里;如果第一个字处在奇地址,那么第二个字就处在前一个地址(奇地址－1)。

表 4.2　TMS320C54x 的数据寻址方式

寻址方式	举　例	用　途	指令含义
立即寻址	LD　♯10H,A	主要用于初始化	A＝10H
绝对寻址	STL　A,＊(y)	利用 16 位地址寻址存储单元	将累加器的低 16 位存放到变量 y 所在的存储单元
累加器寻址	READ A x	把累加器的内容作为地址	将累加器 A 作为地址读程序存储器,并存入变量 x 所在的数据存储器单元
直接寻址	LD　@x,A	数据页面和堆栈指针相对寻址	(DP＋x 的低 7 位地址)→A
间接寻址	LD　＊AR1,A	利用辅助寄存器作为地址指针	(AR1)→A
存储器映射寄存器寻址	LDM　ST1,B	快速寻址存储器映射寄存器	ST1→B
堆栈寻址	PSHM　AG	压入/弹出数据存储器和 MMR(存储器映射寄存器)	SP－1→SP,AG→TOS

在下面关于寻址方式的讲解中,还会用到一些缩写语,表 4.3 给出了部分缩写语的名称和含义。

表 4.3　部分寻址方式缩写语

缩写语	含　义
Smem	16 位单寻址操作数
Xmem	16 位双寻址操作数,用于双操作数指令及某些单操作数指令,从 DB 数据总线上读出
Ymem	16 位双寻址操作数,用于双操作数指令,从 CB 数据总线上读出
dmad	16 位立即数——数据存储器地址(0～65 535)
pmad	16 位立即数——程序存储器地址(0～65 535)
PA	16 位立即数——I/O 口地址(0～65 535)
src	源累加器(A 或 B)
dst	目的累加器(A 或 B)
1k	16 位长立即数

下面详细讲解这 7 种寻址方式。

4.1　立即寻址

立即寻址方式的指令格式通常如下所示。

指令助记符　♯操作数,寄存器名

在数字前面加一个"♯"符号,表示其后操作数即为操作数,即使该操作数是地址也是如此。当 CPU 取出指令时,也就取出了操作数,即操作数在指令中直接出现,不用再到寄存器或存储器中去寻找,这就是立即寻址。立即寻址通常用来实现存储器或寄存器的初始化。

立即寻址方式中的立即数有短立即数和长立即数之分。数值位数为 3,5,8 或 9 的是短立即数;数值位数为 16 位时是长立即数。短立即数在单字节指令中,长立即数在双字节指令中,即指令的类型决定指令中的立即数的长短。

【例 4.1】　给累加器 A 初始化为 10H:

```
LD    ♯10H,A      ; 执行后,A = 0010H
```

注意区分如下指令:

```
LD    10H,A
```

4.2　绝对寻址

绝对寻址就是指令中出现操作数所在的存储单元的 16 位地址,执行时要到此地址中取操作数。这种寻址方式的地址总是 16 位的,所以绝对寻址指令的长度至少为 2 个字,执行速度慢。

第 3 章讲过 TMS320C54x DSP 有三种存储空间:程序存储器空间、数据存储器空间和 I/O 空间,绝对寻址方式指令中的地址可以是上述三种空间中的任一种,所以,根据指令中的地址所属空间可把绝对寻址进一步分为 4 种寻址:数据存储器寻址、程序存储器寻址、端口地址寻址和长立即数寻址。

4.2.1　数据存储器寻址

指令中出现用程序标号或地址值表示的操作数所在的数据存储空间的地址。这种寻址方式有如下指令格式(指令的具体说明见 5.2 节):

```
MVDK    Smem,dmad
MVDM    dmad,MMR
MVKD    dmad,Smem
MVMD    MMR,dmad
```

【例 4.2】　向数据存储器传送数据。已知指令执行前,AR3 内容为 0100H,数据存储器 0100H 中的内容为 1234H。

```
MVDK    * AR3 + ,1200H  ; 执行后,数据存储器 1200H 中的内容为 1234H,
                        ; AR3 中的内容为 0101H。
```

4.2.2   程序存储器寻址

指令中出现用程序标号或地址值表示的操作数所在的程序存储空间的地址。这种寻址方式有如下指令格式(指令的具体说明见 5.2 节):

```
FIRS    Xmem,Ymem,pmad
MACD    Smem,pmad,src
MACP    Smem,pmad,src
MVDP    Smem,pmad
MVPD    pmad,Smem
```

【例 4.3】 把程序存储器中的数据传送到数据存储器。已知指令执行前,AR3 内容为 0100H,程序存储器 1200H 中的内容为 1234H。

```
MVPD  1200H,*AR3    ; 执行后,数据存储器 0100H 中的内容为 1234H。
```

4.2.3   端口地址寻址

指令中出现用标号或常数来表示的 I/O 端口地址,这种方式实现对 I/O 存储空间的访问。这种寻址方式有如下指令格式(指令的具体说明见 5.2 节):

```
PORTR   PA,Smem
PORTW   Smem,PA
```

【例 4.4】 从端口 PORT1(一个用户定义的 I/O 端口标号)中读入数据。已知指令执行前,AR5 内容为 0100H。

```
POPRTR  PORT1,*AR5   ; 执行后,PORT1 端口输入的数据存入数据存储器
                     ; 0100H 地址单元中。
```

4.2.4   长立即数寻址

操作数所在的数据存储单元 16 位地址用符号常数表示,此符号常数以立即数的形式在指令中出现。由于指令中的地址是 16 位的,所以长度至少为 2 个字的指令才支持这种寻址方式。

【例 4.5】 将累加器 A 的内容存入数据存储单元 NUM1 中。已知指令执行前,A 的内容为 1234H,NUM1 表示地址 1200H。

```
STL  A,*(NUM1)       ; 执行后,数据存储器 1200H 地址单元中的内容为 1234H,
                     ; 注意,NUM1 的内容不变。
```

使用这类指令的好处在于不用修改 DP 和 AR 值。但有一点要注意的是,这类指令不能用于重复执行单指令(RPT,RPTZ)。

4.3 累加器寻址

指令的一个操作数在累加器 A 所指定的存储器地址空间中。仅有两条指令支持用累加器寻址：

```
READA   Smem          ；把累加器 A 所确定的程序存储单元中的内容传送到由
                      ；Smem 所指定的数据存储单元中。
WRITA   Smem          ；将 Smem 所指定的数据存储单元中的数传送到累加器 A 确
                      ；定的程序存储器单元中。
```

这两条指令，从格式上看，是单操作数指令，但执行时，另一个操作数是通过累加器 A 寻找的。

【例 4.6】 将程序存储单元的内容传送到数据存储单元。已知指令执行前，A 的内容为 1000H，程序存储器 1000H 地址单元中的内容为 1234H，NUM1 表示数据存储空间的一个地址。

```
READA   NUM1          ；执行后，数据存储器 NUM1 地址单元中的内容为 1234H，
                      ；注意，NUM1 所表示的地址不变。
```

在执行程序时，如果累加器寻址指令前面有一条 RPT 重复指令，则累加器 A 能够自动增量寻址，即从 A 指定的地址开始依次往高地址操作，但 A 的值不变。TMS320C54x 在使用中通常用累加器 A 的低 16 位作为程序存储器的地址。

4.4 直接寻址

直接寻址就是在指令中包含有数据存储器地址（dma）的低 7 位，用这 7 位作为偏移地址，并与基地址值（来自于数据页面指针 DP 的 9 位或堆栈指针 SP 的 16 位）组成一个 16 位的数据存储器地址。基地址来自于 DP 时叫数据页指针直接寻址，基地址来自于 SP 时叫堆栈指针直接寻址。由状态寄存器 ST1 中的 CPL 位决定基地址是来自于 DP 还是 SP。

直接寻址的代码格式如下：

```
指令助记符   @符号或常数,A
```

说明，@不加也可以，但地址范围必须是 0～127。

当 CPL＝0 时，基地址来自于 DP。ST0 中的 DP 值（9 位地址）与指令中的 7 位地址一起形成 16 位数据存储器地址。因为 DP 值的范围是 0～511，所以以 DP 为基地址的直接寻址把存储器分成 512 页；又因为 7 位 dma 值的范围是 0～127，所以每页有 128 个可访问的单元，也就是说，DP 指向 512 页中的一页，dma 就指向该页中的特定单元。DP 值可以由 LD 指令装入，RESET 指令将 DP 赋为 0。DP 不能通过上电进行初

始化,必须在程序中对它进行初始化后,才能保证程序正常工作。操作数地址的形成如图 4.1 所示。

图 4.1　CPL 等于 0 时直接寻址操作数数据存储器地址的形成

当 CPL＝1 时,将指令中的 7 位偏移地址与 16 位堆栈指针 SP 中的内容(基地址)相加,形成操作数 16 位的数据存储器地址。图 4.2 为地址形成图。

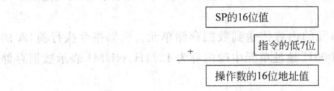

图 4.2　CPL 等于 1 时直接寻址操作数数据存储器地址的形成

这两种寻址方式可以在不改变 DP 或 SP 的情况下,随机地寻找 128 个存储单元中的任何一个单元地址。直接寻址的优点是访问方便快捷,每条指令只需要一个字。

【例 4.7】 把数据存储器 0120H 地址存入累加器 A。已知指令执行前,CPL＝0。

```
LD    ＃01F0H,DP
LD    ＃20H,x
LD    @x,A
```

4.5　间接寻址

在间接寻址中,64K 字数据空间中的任意单元都可以通过一个辅助寄存器中的 16 位地址进行访问,同时可以预调整或修改辅助寄存器值,完成循环寻址和位码倒序寻址等特殊功能。TMS320C54x 有 8 个 16 位辅助寄存器(AR0～AR7)、两个辅助寄存器算术运算单元(ARAU0 和 ARAU1),它们共同完成 16 位无符号数算术运算。

间接寻址很灵活,它不仅能在单条指令中对存储器读/写一个 16 位操作数,而且还能在单条指令中读两个独立的数据存储单元,读/写两个顺序的数据存储单元,或者读一个数据存储单元的同时写另一个数据存储单元。

4.5.1　单操作数寻址

单数据存储器操作数间接寻址指令的寻址格式如图 4.3 所示。

15～8	7	6～3	2～0
操作码	1(表示采用间接寻址方式)	MOD(间接寻址类型)	ARF

图4.3 单数据存储器操作数间接寻址指令格式

图中的2～0位表示3位辅助寄存器域,它定义了寻址所使用的辅助寄存器。ARF由状态寄存器ST1中的兼容方式位CMPT来决定。

CMPT＝0：标准方式。ARP始终设置为0,不能修改。

CMPT＝1：兼容方式。

表4.4列出了16种单数据存储器操作数的间接寻址功能及其说明。

表4.4 单数据存储器操作数的间接寻址类型

间接寻址类型	操作码句法	功　能	说　明
0000	* ARx	地址＝ARx	ARx中的内容就是数据存储器的地址
0001	* ARx－	地址＝ARx ARx＝ARx－1	寻址结束后,ARx中的地址减1[①]
0010	* ARx＋	地址＝ARx ARx＝ARx＋1	寻址结束后,ARx中的地址加1[①]
0011	* ＋ARx	ARx＝ARx＋1 地址＝ARx＋1	寻址之前,ARx中的地址加1[①②],然后再寻址
0100	* ARx－0B	地址＝ARx AR＝B(ARx－AR0)	寻址结束后,从ARx中按位倒序借位的方式减去AR0
0101	* ARx－0	地址＝ARx ARx＝ARx－AR0	寻址结束后,从ARx中减去AR0
0110	* ARx＋0	地址＝ARx ARx＝ARx＋AR0	寻址结束后,将AR0加到ARx中
0111	* ARx＋0B	地址＝Arx ARx＝B(ARx＋AR0)	寻址结束后,把AR0按位倒序进位的方式加到ARx中
1000	* ARx－％	地址＝ARx ARx＝circ(ARx－1)	寻址结束后,ARx中的地址以循环寻址的方式减1[①]
1001	* ARx－0％	地址＝ARx ARx＝circ(ARx－AR0)	寻址结束后,从ARx中以循环寻址的方式减去AR0
1010	* ARx＋％	地址＝ARx ARx＝circ(ARx＋1)	寻址结束后,ARx中的地址以循环寻址的方式加1[①]
1011	* ARx＋0％	地址＝ARx ARx＝circ(ARx＋AR0)	寻址结束后,把AR0以循环寻址的方式加到ARx中
1100	* ARx(1K)	地址＝ARx＋1K ARx＝ARx	ARx与16bit的长偏移(1K)数的和作为数据存储器的地址。访问后,ARx中的值不变[③]
1101	* ＋ARx(1K)	地址＝ARx＋1K ARx＝ARx＋1K	寻址前,把一个带符号的16bit的长偏移加到ARx中,然后再用新的ARx值作为数据存储器的地址再寻址[③]

续表

间接寻址类型	操作码句法	功　能	说　明
1110	* ＋ARx (1K)％	地址＝circ(ARx＋1K) ARx＝circ(ARx＋1K)	寻址前,把一个带符号的16bit的长偏移以循环寻址的方式加到ARx中,然后再用新的ARx值作为数据存储器的地址再寻址③
1111	*(1K)	地址＝1K	把一个无符号数的16bit长偏移用来作为数据存储器的绝对地址(相当于绝对寻址)③

注意:① 寻址16位字时增量/减量为1,寻址32位字时增量/减量为2。

② 这种方式只能用写操作命令。

③ 这种方式不允许对存储器映射寄存器寻址。

在单操作数寻址中,还有位码倒序寻址。在FFT算法中,经常要用到位码倒序寻址功能。这种寻址能提高执行速度。在这种寻址方式中,AR0存放的整数N是FFT点数的一半,另一个辅助寄存器指向一个数据存放的物理地址单元,当使用位倒序寻址把AR0加到另一个辅助寄存器中时,地址以位倒序的方式产生,即进位是从左向右,而不是通常的从右向左。

例如:AR0＝0000 1010B,AR2＝0110 0110B,如执行 * AR2＋0B寻址功能,也就是(0110 0110)＋(0000 1010),结果 AR2＝0110 1101B。应注意,计算是采用从左到右运算的。

4.5.2　双操作数寻址

双数据存储器操作数寻址用来完成两个读操作,或一个读操作和一个并行存储操作。采用这种方式的指令只有一个长字,并且只能以间接寻址的方式工作。用Xmem和Ymem来代表这两个数据存储器操作数。在完成两个读操作过程中,Xmem表示读操作数(访问D数据总线),Ymem表示读操作数(访问C数据总线);在一个读操作同时并行一个并行存储操作过程中,Xmem表示读操作数(访问D数据总线),Ymem表示一个写(访问E数据总线)操作数。

如果源操作数和目的操作数指向同一个单元,则在并行存储指令中(如ST‖LD),读在写之前。如果一个双操作指令(如ADD)指向同一辅助寄存器,并且这两个操作数的寻址方式不同,那么就按Xmod域所确定的方式来寻址。数据存储器操作数间接寻址指令代码的位说明如表4.5所示。

表 4.5　双数据存储器操作数间接寻址指令代码的位说明

位	名　称	功　能
15～8	操作码	这8位包含了指令的操作码
7～6	Xmod	访问Xmem操作数的间接寻址方式的类型
5～4	Xar	标明包含Xmem地址的辅助寄存器

位	名　称	功　能
3～2	Ymod	访问 Ymem 操作数的间接寻址方式的类型
1～0	Yar	标明包含 Ymem 地址的辅助寄存器

由指令的 Xar 和 Yar 域选择的辅助寄存器如表 4.6 所示。

表 4.6　由指令的 Xar 和 Yar 域选择的辅助寄存器

Xar 或 Yar 域	辅助寄存器	Xar 或 Yar 域	辅助寄存器
00	AR2	10	AR4
01	AR3	11	AR5

双数据存储器操作数间接寻址类型如图 4.7 所示。

表 4.7　双数据存储器操作数间接寻址类型

Xmod 或 Ymod 域	操作数语法	功　能	描　述
00	* ARx	addr＝ARx	ARx 是数据存储器地址
01	* ARx−	addr＝ARx ARx＝ARx−1	访问后，ARx 中的地址减 1
10	* ARx＋	addr＝ARx ARx＝ARx＋1	访问后，ARx 中的地址加 1
11	* ARx＋0%	addr＝ARx ARx＝circ(ARx＋AR0)	访问后，AR0 以循环寻址的方式加到 ARx 中

4.6　存储器映射寄存器寻址

存储器映射寄存器寻址是用来修改存储器映射寄存器的，采用此寻址方式的指令中，至少有一个操作数是 MMR 寄存器，或是 MMR 寄存器的地址（0000H～005FH 的数据空间），寻址方式不影响当前数据页指针 DP 或堆栈指针 SP 的值。存储器映射寄存器寻址可以在直接寻址和间接寻址中使用。

存储器映射寄存器（MMR）地址的产生有两种方法。

（1）在直接寻址方式下，不管当前 DP 或 SP 的值为何值，使数据寄存器地址的高 9 位（MSBs）强制置 0，数据存储器地址的低 7 位（LSBs）则来自于指令字。

（2）在间接寻址方式下，只使用当前辅助寄存器的低 7 位作为数据存储器地址的低 7 位，地址的高 9 位为 0，指定的辅助寄存器的高 9 位在寻址后被强制置 0。

存储器映射寄存器寻址的指令只有 8 条。

```
LDM       MMR,   dst
MVDM      dmad,  MMR
```

```
MVMD     MMRx,   MMRy
POPM     MMR
PSHM     MMR
STLM     src,    MMR
STM      ♯1k,    MMR
```

4.7　堆栈寻址

堆栈是一段数据存储区,用来在中断或调用子程序期间自动存放程序计数器,也可用来暂时保存用户当前的程序环境或传递数据值。堆栈中数据的存取是通过一个堆栈指针(SP)来实现的,SP 是一个 16 位的 CPU 寄存器映射存储器,SP 始终指向堆栈的当前操作地址单元。当调用一个子程序或一个中断响应发生时,堆栈指针 SP 先进行减 1 操作,然后 PC 被自动压栈,即把 PC 内容放到 SP 所指向的堆栈区地址单元中;返回时,从 SP 所指向的堆栈区地址中弹出数据存入 PC 中,使 PC 从调用前的断点处接着执行。

使用堆栈寻址方式访问堆栈的指令共有 4 条。

PSHD:把一个数据存储器的值压入堆栈。

PSHM:把一个存储器映射寄存器的值压入堆栈。

POPD:把一个数据存储器的值弹出堆栈。

POPM:把一个存储器映射寄存器的值弹出堆栈。

注意:堆栈存放数据是从高地址向低地址进行的。压入堆栈时,先减小 SP 值,再将数据压入堆栈;弹出堆栈时,先从堆栈弹出数据,再增加 SP 值。

4.8　小结

本章对 TMS320C54x DSP 的 7 种寻址方式做了详细的讲解。寻址方式决定了操作数的来源,在编写程序之前一定要清楚操作数在哪里,应该采用什么样的寻址方式来实现对操作数的存取。每种寻址方式都有特定的格式,所以记住每种格式是关键。只有很好地掌握了这 7 种寻址方式的书写格式,并结合第 5 章的学习,才能编写出正确、高效的程序。

习题 4

(1) TMS320C54x DSP 有几种寻址方式? 每种寻址方式是怎样寻找操作数的?

(2) 说明下面指令的寻址方式。

① LD　　　♯0010H,A

```
②  LD      @0010H,B
③  LD      * AR1, A
④  LD      @num,A          ; num 为变量名
⑤  ST      #1000H,AR2
⑥  RSBX    FRCT
⑦  STM     #1234H,TCR
⑧  PSHD
⑨  ST      #12H,   * (0100H)
⑩  PORTR   FIFO,   * AR2 ;FIFO 为端口号
```

（3）已知 SP＝0100H，则说明分别执行下面指令后 SP 的值。

```
PSHD
PSHM
POPD
POPM
```

TMS320C54x DSP的汇编语言程序设计

学习 TMS320C54x DSP 的结构、存储器配置和指令的寻址方式,就可以对 DSP 进行开发编程。DSP 的软件开发一般有以下几种方式:

- 直接编写汇编语言源程序。
- 编写 C 语言程序。
- 混合编程(既有 C 代码,又含汇编代码)。

后两种方式的程序设计将在后续章节中介绍。本章主要介绍指令系统、汇编语言程序的编写方法,以及对汇编源程序的处理过程。

5.1 汇编语言程序编写方法

5.1.1 汇编语言源程序格式

汇编语言源程序中的每个语句可以由 4 项组成:

[名字][:] 操作码 [操作数1,操作数2,…] [;注释]

其中,[ ]为可选项。

1. 名字项

名字项可以是标号或变量,用来表示本语句的符号地址,只有当需要用符号地址来访问该语句时才需要名字项。若有名字项则必须从源语句的第一列开始书写。在汇编语言源程序中,对于名字项有下列规定:

- 只能由大写字母 A~Z 或小写字母 a~z(可识别符号的大小写)、数字 0~9 和专用字符_和 $ 。
- 数字不能作为首字符。
- 名字项最长可达 32 个字符。
- 在同一个程序中,同样的标号或变量的定义只允许出现一次,否则会致使汇编程序出错。

名字项后面如果加冒号(:),该名字通常就作为语句标号,供本程序的其他部分或其他程序调用。指令中引用标号时,标号的值就是段程序计数器(SPC)的当前值。若不用标号,则第一个字母必须为空格、分号或星号(*)。

名字项后面如果不跟冒号,该名字项通常就作为变量名,用来表示某个或某些数据的起始存储地址。

2. 操作码项

在语句中一定有操作码项,用来说明所有进行的操作。操作项是一个操作码的助记符,助记符包含指令性语句、伪指令和宏命令。对于指令性语句,一般用大写,汇编程序将其翻译为机器语言指令。对于伪指令,汇编程序将根据其所要求的功能进行处理,可以形成常数和变量,当用它控制汇编和链接过程时,可以不占存储空间。对于宏命令,则将根据其定义展开。伪指令和宏命令均以西文句号(.)开始,且为小写。

3. 操作数项

操作数项可以是寄存器、地址、常数、算术或逻辑表达式,多个操作数之间用逗号(,)分开。对于指令中的操作数项,根据不同的寻址方式,可以是实际的操作数也可以是操作数存放的地址或寄存器等,对于不同的指令,操作数项可以有一个、两个或三个操作数,而 NOP 指令没有操作数。对于伪指令或宏命令中的操作数项,则给出它们所要求的参数。

4. 注释项

注释项用来说明一条、几条指令或一段程序的功能,它是可有可无的。但是,对于汇编语言源程序来说,通常把本条或本段指令在程序中的功能和作用写在注释中,因此注释项可以帮助用户更快地理解程序。对于编程者,应该重视注释的书写。

注释从分号(;)开始,可以放在指令或伪指令的后面,也可以单独占一行或数行。如果注释从第 1 列开始,也可以用星号(*)。

另外,程序还要遵循如下规则。

(1) 所有语句必须以标号、空格、星号(*)或分号开始。

(2) 所有包含伪指令的语句必须在一行内完全指定。

(3) 若使用标号,则标号必须从第一列开始。

(4) 语句的每部分必须用一个或多个空格分开,通常用 Tab 键。

5.1.2　汇编语言中的常数和字符串

常数、字符串和符号是汇编器能识别的数据项,是汇编指令、伪指令和宏指令语句中操作数的基本组成部分。本小节主要讲常数和字符串。

1. 常数

汇编器支持 6 种类型的常数：二进制数、十进制数、八进制数、十六进制数、字符常数和浮点常数。

(1) 二进制整数：由数字 0 或 1 组成的数字串，以字母 B(或 b)结尾，长度最多可达16 个数字。如 01111100B。

(2) 八进制整数：由数字 0～7 组成，以字母 Q(或 q)结尾，长度最多可达 6 个数字。如 105Q。

(3) 十进制整数：由数字 0～9 组成，以字母 D(或 d)结尾(也可无后缀)，范围从 −32 768～65 535。如 −2000。

(4) 十六进制整数：由数字 0～9 及字母 A～F 表示，以字母 H(或 h)结尾，数字串长度最多可达 4 个十六进制数字。如 156CH。

(5) 字符常数：是由单引号('')括起来的 1 或 2 个字符组成的字符串，每个字符在内部用二进制 8 位 ASCII 码表示。如'A'表示为 01000001B。

(6) 浮点常数：是一串十进制数，可带小数点、分数或指数的部分。浮点数仅在 C语言程序中能用，汇编程序中不能用。如 1.024e−10。

2. 字符串

字符串是由双引号(" ")括起来的一串字符，双引号是字符串的一部分。串的最大长度是变化的，并由每一个使用字符串的伪指令定义。字符串与字符常数不同，字符常数代表一个单独的整数值，而字符串是字符的列表。如"simple"。

5.1.3　汇编源程序中的符号

符号用作标号、常数及替代符号。符号名最多可由 32 个字母和数字混合组成(A～Z,a～z,0～9,$ 和 _)。第一个字符不能是数字，符号中间不能有空格，符号更不能是助记符。符号区分大小写，例如：AbC,abc 被识别为 2 个不同的符号。

如果希望不区分大小写，可在调用汇编器时使用-c 选项，汇编器将变换所有的符号为大写；如果不使用.global 伪指令将符号声明为全局符号，则符号仅在定义它的汇编程序中有效。

在有些指令中，操作数不是单一的常数、符号或字符串，而是由常数、符号或由运算符隔开的常数和符号序列组成，即表达式。在汇编器汇编时，会计算表达式的值。下面介绍常用表达式。

1. 运算顺序

不同的运算顺序，计算结果会不同。TMS320C54x 汇编器对不同的运算符及括号的运算顺序的优先级做了规定，如表 5.1 所示，表中运算符从上到下对应优先级由高到低。表达式的执行顺序是先执行优先级高的运算后执行优先级低的运算。

表 5.1 表达式中的符号及优先级

优先级	符 号	运 算
	( )	圆括号内的表达式最先运算
1	+,−,~	取正、取负、按位取反
2	*,/,%	乘、除、求模
3	+,−	加、减
4	《,》	左移、右移
5	<,<= ,>,>=	小于、小于等于、大于、大于等于
6	!=,=	不等于、等于
7	&	按位与
8	^	按位异或
9	|	按位或

2. 表达式溢出

在汇编过程中执行算术运算后,汇编器将检查溢出状态,表达式值的有效范围为 −32 768～32 767,超出此范围就会改变溢出状态,出现溢出时,汇编器会发出值被截断的警告信息,但在做乘法时,汇编器不检查溢出状态。

3. 条件表达式

条件表达式的计算结果为逻辑值,条件为真时值为 1,否则值为 0。

4. 表达式的合法性

符号按属性可分为三种:外部符号、可重定位符号和绝对符号,而汇编器对符号在表达式中的使用具有某些限制,这导致表达式是否合法的问题。例如在含有乘、除法的表达式中只能使用绝对符号,而如果使用了外部符号就会导致表达式不合法。另外,表达式中也不能出现未定义的符号。

5.2 汇编语言的指令系统

TMS320C54x DSP 器件提供了两种指令系统,代数指令系统和汇编指令系统。代数指令系统主要以表达式的形式书写,是一种比较直观、容易理解和书写的指令集;汇编指令系统是以难记忆的助记符为基础的指令集,共有 129 条指令,由于操作数的寻址方式不同,以至于派生有 205 条指令。TMS320C54x DSP 指令系统的分类有两种方法,一种是按指令执行时所需的周期分类;另一种是按指令的功能分类。按指令的功能可分为 4 类:算术运算指令、逻辑运算指令、程序控制指令以及加载和存储指令,如表 5.2 所示。

本章主要讲解 TMS320C54x DSP 器件汇编指令系统,但在每条汇编指令中会给出对应的代数指令形式。

表 5.2　TMS320C54x DSP 指令功能分类表

指 令 分 类	典 型 指 令
算术运算	加、减、乘、乘加、乘减、双精度(32 位)、特殊应用指令
逻辑运算	逻辑与、逻辑或、逻辑异或、移位、测试
程序控制操作	分支、调用、中断、返回、重复、堆栈、其他程序控制指令
加载和存储操作	加载、存储、条件存储、并行加载和存储、并行加载和相乘、并行存储和相加/减、并行存储和相乘、其他加载和存储指令

5.2.1　指令系统中的符号和缩写

在接下来的指令系统讲解中,会用到 TMS320C54x DSP 指令系统规定的一些符号与缩写。表 5.3 列出了指令系统中用到的符号与缩写,表 5.4 中列出了操作码中用到的符号和缩写。

表 5.3　指令系统中的符号和缩写

符 号	含 义
A	累加器 A
ALU	算术逻辑运算单元
AR	辅助寄存器
ARx	指定某一个辅助寄存器($0 \leqslant x \leqslant 7$)
ARP	ST0 中的 3 位辅助寄存器指针位,指出当前辅助寄存器为 AR(ARP)
ASM	ST1 中的 5 位累加器移位方式位($-16 \leqslant ASM \leqslant 15$)
B	累加器 B
BRAF	ST1 中的执行块重复指令标志位
BRC	块循环计数器
C	ST0 中的进位位
C16	ST1 中的双 16 位/双精度算术运算方式位
CC	2 位条件码($0 \leqslant CC \leqslant 3$)
CMPT	ST1 中的 ARP 修正方式位
CPL	ST1 中的直接寻址编辑方式位
Cond	表示一种条件的操作数,用于条件执行指令
[d],[D]	延时选项
DAB	D 地址总线
DAR	DAB 地址寄存器
dmad	16 位立即数表示的数据存储器地址($0 \leqslant dmad \leqslant 65\ 535$)
Deme	数据存储器操作数
DP	ST0 中的 9 位数据存储器页面指针($0 \leqslant DP \leqslant 511$)
dst	目的累加器(A 或 B)
dst_	另一个目的累加器。如果 dst=A,则 dst_=B;如果 dst=B,则 dst_=A
EAB	E 地址总线

续表

符 号	含 义
EAR	EAB 地址寄存器
extpmad	23 位立即数表示的程序寄存器地址
FRCT	ST1 中的小数方式位
Hi(A)	累加器的高 16 位(16~31 位)
HM	ST1 中的保持方式位
IFR	中断标志寄存器
INTM	ST1 中的中断屏蔽位
K	少于 9 位的短立即数
k3	3 位立即数(0≤k3≤7)
k5	5 位立即数(−16≤k5≤15)
k9	9 位立即数(0≤k9≤511)
1k	16 位长立即数
Lmem	利用长字寻址的 32 位单数据存储器操作数
mmr,MMR	存储器映射寄存器
MMRx,MMRy	存储器映射寄存器,AR0~AR7 或 SP
n	XC 指令后面的字数,n=1 或 2
N	RSBX 和 SSBX 指令中指定修正的状态寄存器,N=0,状态寄存器 ST0; N=1,状态寄存器 ST1
OVA	ST0 中的累加器 A 的溢出标志
OVB	ST0 中的累加器 B 的溢出标志
OVdst	指定目的累加器(A 或 B)的溢出标志
OVdst_	指定与 OVdst 相反的目的累加器(B 或 A)的溢出标志
OVsrc	指定源累加器(A 或 B)的溢出标志
OVM	ST1 中的溢出方式位
PA	16 位立即数表示的端口地址(0≤PA≤65 535)
PAR	程序存储器地址寄存器
PC	程序计数器
pmad	16 位立即数表示的程序存储器地址(0≤pmad≤65 535)
Pmem	程序存储器操作数
PMST	处理器方式状态寄存器
prog	程序存储器操作数
[R]	舍入选项
rnd	舍入
RC	重复寄存器
RTN	RETF[D]指令中用到的快速返回寄存器
REA	块重复结束寄存器
RSA	快重复起始寄存器
SBIT	用 RSBX 和 SSBX 指令所修改的指定状态寄存器的位号(4 位数)(0≤SBIT≤15)
SHFT	4 位移位数(0≤SHFT≤15)
SHIFT	5 位移位数(−16≤SHIFT≤15)

续表

符　号	含　义
Sind	间接寻址的单数据寻址操作数
Smem	16 位单数据存储器操作数
SP	堆栈指针
src	源累加器(A 或 B)
ST0,ST1	状态寄存器 0,状态寄存器 1
SXM	ST1 中的符号扩展位
T	暂存器
TC	ST0 中的测试/控制位
TOS	堆栈顶部
TRN	状态转移寄存器
TS	由 T 寄存器的 5~0 位所规定的移位数($-16 \leqslant TS \leqslant 31$)
uns	无符号数
XF	ST1 中的外部标志状态位
XPC	程序计数器扩展寄存器
Xmem	在双操作数指令以及单操作数指令中用的 16 位双数据存储器操作数
Ymem	在双操作数指令中所用的 16 位双数据存储器操作数
--SP	堆栈指针减 1
++SP	堆栈指针加 1
++PC	程序计数器指针加 1

表 5.4　操作码中的符号和缩写

符　号	含　义
A	数据存储器的地址位
ARx	指定辅助寄存器的 3 位数
BITC	4 位码区
CC	2 位条件码
CCCC	8 位条件码
COND	4 位条件码
D	目的(dst)累加器位。D=0 时,表示累加器 A;D=1 时,表示累加器 B
I	寻址方式位。I=0 时,表示直接寻址方式;I=1 时,表示间接寻址方式
K	少于 9 位的短立即数
MMRx	指定 9 个存储器映射寄存器中的某一个 4 位数($0 \leqslant MMRx \leqslant 8$)
MMRy	指定 9 个存储器映射寄存器中的某一个 4 位数($0 \leqslant MMRy \leqslant 8$)
N	单独一位数
NN	决定中断形式的 2 位数
R	舍入(rnd)选项位。R=0 时,不带舍入执行指令;R=1 时,对执行结果舍入处理
S	源(src)累加器位。S=0 时,表示累加器 A;S=1 时,表示累加器 B
SBIT	状态寄存器的 4 位位号数
SHFT	4 位移位数($0 \leqslant SHFT \leqslant 15$)

续表

符　号	含　义
SHIFT	5 位移位数（−16≤SHIFT≤15）
X	数据暂存位
Y	数据暂存位
Z	延迟指令位。Z=0 时,表示不带延迟操作执行指令；Z=1 时,表示带延迟操作执行指令

5.2.2　算术运算指令

算术运算指令是在 DSP 器件中实现数学运算的重要指令集合,如果没有算术运算指令就不可能实现快速方便的数字信号处理,也就无法用 DSP 器件通过计算的方法实现一个复杂系统。算术运算指令可分为加法指令、减法指令、乘法指令、乘加指令、乘减指令、双操作数指令和专用指令。

1. 加法指令

加法指令的汇编书写格式、功能说明及所对应的代数表达式指令如表 5.5 所示。

表 5.5　加法指令的说明

助记符	操　作　数	功　能	代数表达式	字节/B	周期
ADD	Smem,src	操作数加到累加器	src=src+Smem	1	1
ADD	Smem,TS,src	操作数移位后加到累加器	src=src+Smem<<TS	1	1
ADD	Smem,16,src[,dst]	操作数左移 16 位后加到累加器	dst=src+Smem<<16	1	1
ADD	Smem[,SHIFT],src[,dst]	操作数移位后加到累加器（5 位移位数）	dst=src+Smem<<SHIFT	2	2
ADD	Xmem,SHFT,src	操作数移位后加到累加器（4 位移位数）	src=src+Xmem<<SHIFT	1	1
ADD	Xmem,Ymem,dst	两个操作数分别左移 16 位,然后相加	dst=Xmem<<16+Ymem<<16	1	1
ADD	#1k [,SHFT],src[,dst]	长立即数移位后加到累加器	dst=src+#1k<<SHFT	2	2
ADD	#1k,16,src[,dst]	长立即数左移 16 位后加到累加器	dst=src+#1k<<16	2	2
ADD	src[,SHIFT][,dst]	累加器移位后相加	dst=dst+src<<SHIFT	1	1
ADD	src,ASM[,dst]	累加器按 ASM 移位后相加	dst=dst+src<<ASM	1	1

助记符	操　作　数	功　　能	代数表达式	字节/B	周期
ADDC	Smem,src	操作数带进位加至累加器	src＝src＋Smem＋C	1	1
ADDM	♯1k,Smem	长立即数加至存储器中	Smem＝Smem＋♯1k	2	2
ADDS	Smem,src	无符号操作数加到累加器	src ＝ src ＋ uns (Smem)	1	1

对于加法指令的说明如下。

(1) 进行整数运算时,有有符号数加法和无符号数加法(ADDS)两种指令格式。

(2) 指令执行后,对状态位的 C、OVdst 或 OVsrc 或 OVA 有影响。

(3) 表中 SHIFT 的范围有两个:

0≤SHIFT≤15,表示左移 4 位移位数,左移时低位添 0,高位受 SXM 位影响。如果 SXM＝1,则高位进行符号扩展;否则高位清零。

−16≤SHIFT≤15,表示 5 位移位数,正数表示左移,负数表述右移。左移时同上,右移时高位受 SXM 位影响。如果 SXM＝1,则高位进行符号扩展;否则高位清零。

【例 5.1】 已知 A＝0000000100H,AR3＝0020H,C＝1,SXM＝1,(0020H)＝1000H,(1020H)＝1234H。分别执行下列指令

```
ADD   * AR3,    A    ;(* AR3) = 1000H,所以 A = 0000001100H。
ADD   AR3,   2,   A  ;AR3 左移 2 位为 0080H,所以 A = 0000000180H,
ADDM  ♯0020H,  * AR3 + ;* AR3 的内容 1000H 加上 20H,则(0020H) = 1234H,
                      ;AR3 = 0021H。
```

2. 减法指令

减法指令的汇编书写格式、功能说明及所对应的代数表达式指令如表 5.6 所示。

表 5.6　减法指令的说明

助记符	操　作　数	功　　能	代数表达式	字节/B	周期
SUB	Smem,src	从累加器中减去一个操作数	src＝src−Smem	1	1
SUB	Smem,TS,src	从累加器中减去移位后的操作数	src＝src−Smem<<TS	1	1
SUB	Smem,16,src[,dst]	从累加器中减去左移 16 位后的操作数	dst＝src−Smem<<16	1	1
SUB	Smem[,SHIFT],src[,dst]	操作数移位后与累加器相减	dst ＝ src − Smem<<SHIFT	2	2
SUB	Xmem,SHFT,src	操作数移位后与累加器相减	src ＝ src − Xmem<<SHFT	1	1

续表

助记符	操 作 数	功 能	代数表达式	字节/B	周期
SUB	Xmem,Ymem,dst	两个操作数分别左移16位再相减	dst = Xmem << 16 − Ymem<<16	1	1
SUB	♯1k[,SHFT],src [,dst]	长立即数移位后与累加器相减	dst=src−♯1k <<SHFT	2	2
SUB	♯1k,16,src [,dst]	长立即数左移16位后与累加器相减	dst=src−♯1k<<16	2	2
SUB	src[,SHIFT][,dst]	源累加器移位后与目的累加器相减	dst=dst−src<<SHIFT	1	1
SUB	src,ASM[,dst]	源累加器按ASM移位后与目的累加器相减	dst=dst−src<<ASM	1	1
SUBB	Smem,src	带借位的减法	src=src−Smem−C	1	1
SUBC	Smem,src	有条件减法	if(src−Smem<<15)≥0 src=(src−Smem<< 15)<<1+1 else src=src<<1	1	1
SUBS	Smem,src	无符号数的减法	src=src−uns(Smem)	1	1

对于减法指令的说明如下。

(1) 进行整数运算时,有有符号数减法和无符号数减法(SUBS)两种指令格式。

(2) 指令执行后,对状态位的 C、OVdst 或 OVsrc 或 OVA 有影响。

(3) 没有专门的除法指令,但可利用减法进行除法运算。用重复执行 16 次的 SUBC 指令,可实现两个无符号数的除法运算。

【例 5.2】 已知 B=000000F000H,AR3=0020H,C=1,SXM=1,(0020H)= 8000H,执行如下指令

```
SUB    *AR3-,   -2,    B    ; *AR3 内容右移 2 位为 E000H,所以 B=0000001000H,
                             ; AR3=001FH。
```

【例 5.3】 利用 SUBC 完成整数除法,50H÷6H=8H,余数是 2H。

```
LD     ♯0050H,   B        ; 将被除数放入 B 低 16 位
STM    ♯0200H,   AR2      ; AR2=0200H
STM    ♯0210H,   AR3      ; AR3=0210H
ST     ♯0006H,  *AR2      ; (0200H)=0006H
RPT    ♯15                ; 重复 SUBC 指令 15+1 次
SUBC   *AR2,     B        ; 50H÷6
STL    B,       *AR3+     ; 商存入地址单元 0210H 中,AR3=0211H
STH    B,       *AR3      ; 余数存入地址单元 0211H 中
```

3. 乘法指令

乘法指令的汇编书写格式、功能说明及所对应的代数表达式指令如表 5.7 所示。

表 5.7　乘法指令的说明

助记符	操 作 数	功 能	代数表达式	字节/B	周期
MPY	Smem,dst	T 寄存器值与操作数相乘	dst=T×Smem	1	1
MPYR	Smem,dst	T 寄存器值与操作数相乘(带舍入)	dst=rnd(T×Smem)	1	1
MPY	Xmem,Ymem,dst	两个操作数相乘	dst=Xmem×Ymem, T=Xmem	1	1
MPY	Smem,♯1k,dst	长立即数与操作数相乘	dst=Smem×♯1k, T=Smem	2	2
MPY	♯1k,dst	T 寄存器值与长立即数相乘	dst=T×♯1k	2	2
MPYA	dst	T 寄存器值与累加器 A 的高位相乘	dst=T×A	1	1
MPYA	Smem	操作数与累加器 A 的高位相乘	B=Smem×A,T=Smem	1	1
MPYU	Smem,dst	两无符号数相乘	dst=uns(T) ×uns(Smem)	1	1
SQUR	Smem,dst	操作数的平方	dst=SmemvSmem, T=Smem	1	1
SQUR	A,dst	累加器 A 的高位平方	dst=A×A	1	1

注：累加器 A 的范围是 32～16 位。

对于乘法指令的说明如下。

(1) 只有 MPYU 指令为无符号数乘法,其余均为有符号数乘法。

(2) 乘法指令的结果都是 32 位,放在 A 或 B 中。

(3) 在进行两个有符号小数乘法时,结果的小数点在次高位的后面,出现冗余符号位,因此必须左移一位,才能得到正确结果。TMS320C54x DSP 提供了一个状态位 FRCT,若 FRCT=1,则结果传送到累加器时会自动左移一位。

(4) 两个小数相乘时,结果总是"向右增长"。即 16 位的乘积为 32 位数,如果精度允许,可以只保存高 16 位,丢弃低 16 位,这样保存结果会节省资源。

【例 5.4】　下面指令序列实现了整数乘法功能。

```
LD    ♯0050H,  B        ; B = 0050H
STM   ♯0200H,  AR2      ; AR2 = 0200H
ST    ♯0006H,  * AR2    ; (0200H) = 0006H
RSBX  FRCT             ; FRCT = 0
LD    ♯2H,     DP       ; DP = 2
LD    * AR2,   T        ; T = 0006H
MPY   ♯ -1,    B        ; -1 与 0006H 相乘,结果存入 B(32 位),
                        ; B = FF FFFF FFFCH
```

【例 5.5】　下面指令序列实现了小数乘法功能。

```
SSBX    FRCT                    ; FRCT = 1
LD      num1,      16,A         ; 将变量 num1 装入 A 的高 16 位
MPYA    num2                    ; num2 与 A 高 16 位相乘,即 num1×num2,结果存入 B
                                ; 并将 num2 装入 T
STH     num3                    ; 将乘积结果的高 16 位存入变量 num3
```

4. 乘加指令

乘加指令完成一个乘法运算,将乘积再与累加器 A 或 B 的内容相加。乘加指令的汇编书写格式、功能说明及所对应的代数表达式指令如表 5.8 所示。

表 5.8 乘加指令的说明

助记符	操 作 数	功 能	代数表达式	字节/B	周期
MAC	Smem,src	T 寄存器值与操作数相乘后加到累加器	src＝src＋T×Smem	1	1
MAC	Xmem, Ymem, src [,dst]	两个操作数相乘后加到累加器	dst ＝ src ＋ Xmem × Ymem,T＝Xmem	1	1
MAC	♯1k,src[,dst]	长立即数与 T 寄存器值相乘后加到累加器	dst＝src＋T×♯1k	2	2
MAC	Smem, ♯ 1k, src [,dst]	长立即数与操作数相乘后加到累加器	dst ＝ src ＋ Smem × ♯1k,T＝Smem	2	2
MACR	Smem,src	T 寄存器值与操作数相乘后加到 A（带舍入）	src ＝ rnd (src ＋ T × Smem)	1	1
MACR	Xmem, Ymem, src [,dst]	两个操作数相乘后加到累加器(带舍入)	dst ＝ rnd (src ＋ Xmem ×Ymem) T＝Xmem	1	1
MACA	Smem[,B]	操作数与累加器 A 的高位相乘后加 B	B＝B＋Smem×A, T＝Smem	1	1
MACA	T,src[,dst]	T 与 A 的高位相乘后再累加	dst＝src＋T×A	1	1
MACER	Smem[,B]	操作数与 A 的高位相乘后再加 B(带舍入)	B ＝ rnd (B ＋ Smem × A),T＝Smem	1	1
MACAR	T,src[,dst]	T 与 A 的高位相乘后再累加	dst＝rnd(src＋T×A)	1	1
MACD	Smem,pmad,src	带延时的操作数与程序存储器值相乘后再累加	src ＝ src ＋ Smem × pmad, T ＝ Xmem, Smem＝Smem+1	2	3
MACP	Smem,pmad,src	操作数与程序存储器值相乘后再累加	src ＝ src ＋ Smem × pmad,T＝Xmem	1	1
MACSU	Smem,Ymem,src	无符号数与有符号数相乘后再累加	src＝src＋uns(Smem) ×Ymem,T＝Xmem	1	1

注：累加器 A 的范围是 32～16 位。

乘加指令中使用 R 作为后缀的,其运算结果要进行凑整。

【例 5.6】 已知指令执行前 A=0000000100H,B=0000000002H,T=0004H, FRCT=1,AR2=0200H,AR3=0300H,(0200H)=1234H,(0300H)=2001H。则

```
MAC    * AR2 + ,    * AR3 +    A,    B
```

指令执行后,A=0000000100H,B=0000247B34H,T=1234H,FRCT=1,AR2= 0201H,AR3=0301H,(0200H)=1234H,(0300H)=2001H。

若执行的不是上面的 MAC 指令,而是下面的指令,即

```
MACR    * AR2 + ,    * AR3 +    A,    B
```

指令执行后,A=0000000100H,B=0000240000H,T=1234H,FRCT=1,AR2= 0201H,AR3=0301H,(0200H)=1234H,(0300H)=5678H。

5. 乘减指令

乘减指令用于完成 T 寄存器或一个操作数与另一个操作数的乘积,再从累加器中减去这个乘积,结果存入累加器中。乘减指令的汇编书写格式、功能说明及所对应的代数表达式指令如表 5.9 所示。

表 5.9 乘减指令的说明

助记符	操 作 数	功 能	代数表达式	字节/B	周期
MAS	Smem,src	从 src 中减去 T 与操作数的乘积	src=src−T×Smem	1	1
MASR	Smem,src	从 src 中减去 T 与操作数的乘积(带舍入)	src = uns (src − T × Smem)	1	1
MAS	Xmem,Ymem,src[,dst]	从 src 中减去两操作数的乘积	dst = src − Xmem × Ymem,T=Xmem	1	1
MASR	Xmem,Ymem,src[,dst]	从 src 中减去两操作数的乘积(带舍入)	dst = rnd(src − Xmem × Ymem),T=Xmem	1	1
MASA	Smem[,B]	从 B 中减去操作数与 A 高位的乘积	B = B − Smem × A,T=Smem	1	1
MASA	T,src[,dst]	从 src 中减去 T 与 A 高位的乘积	dst=src−T×A	1	1
MASAR	T,src[,dst]	从 src 中减去 T 与 A 高位的乘积(带舍入)	dst=rnd(src−T×A)	1	1
SQURA	Smem,src	平方后累加	src = src + Smem × Smem,T=Smem	1	1
SQURS	Smem,src	平方后作减法	src = src − Smem × Smem,T=Smem	1	1

【例 5.7】 已知指令执行前 A=0000000100H,B=0000000002H,T=0004H, FRCT=1,AR2=0200H,AR3=0300H,(0200H)=1234H,(0300H)=2001H。则

```
MAS    * AR2 +,    * AR3 +    A,    B
```

指令执行后，A＝0000000100H，B＝FFFFDB85CCH，T＝1234H，FRCT＝1，AR2＝0201H，AR3＝0301H，(0200H)＝1234H，(0300H)＝2001H。

6. 双操作数指令

双操作数指令是对长数据存储操作数进行加或减运算。双操作数指令的汇编书写格式、功能说明及所对应的代数表达式指令如表 5.10 所示。

表 5.10　双操作数指令的说明

助记符	操 作 数	功　　能	代数表达式	字节/B	周期
DADD	Lmem,src [,dst]	双精度/双 16 位数加到累加器	if C16＝0 dst＝Lmem＋src　if C16＝1 dst(16～39)＝Lmem(16～31)＋src(16～31) dst(0～15)＝Lmem(0～15)＋src(0～15)	1	1
DADST	Lmem,dst	双精度/双 16 位数与 T 寄存器值相加/减	if C16＝0 dst＝Lmem＋(T<<16＋T) if C16＝1 dst(16～39)＝Lmem(16～31)＋T dst(0～15)＝Lmem(0～15)－T	1	1
DRSUB	Lmem,src	双精度/双 16 位数减去累加器	if C16＝0 dst＝Lmem－src if C16＝1 src(16～39)＝Lmem(16～31)－src(16～31) src(0～15)＝Lmem(0～15)－src(0～15)	1	1
DSADT	Lmem,dst	长立即数与 T 寄存器值相加/减	if C16＝0 dst＝Lmem－(T<<16＋T) if C16＝1 dst(16～39)＝Lmem(16～31)－T dst(0～15)＝Lmem(0～15)＋T	1	1
DSUB	Lmem,src	从累加器中减去双精度/双 16 位数	if C16＝0 src＝src－Lmem if C16＝1 src(16～39)＝src(16～31)－Lmem(16～31) src(0～15)＝src(0～15)－Lmem(0～15)	1	1
DSUBT	Lmem,src	从长立即数中减去 T 寄存器值	if C16＝0 dst＝Lmem－(T<<16＋T) if C16＝1 dst(16～39)＝Lmem(16～31)－T dst(0～15)＝Lmem(0～15)－T	1	1

【例 5.8】 已知指令执行前 A＝0000000100H，B＝0000000002H，C16＝0，AR2＝0200H，(0200H)＝1234H，(0201H)＝5678H。则执行指令

```
DADD    * AR2 +,    A,    B
```

后，A＝0000000100H，B＝0056781334H，C16＝0，AR2＝0202H，(0200H)＝1234H，(0201H)＝5678H。

7. 专用指令

在 TMS320C54x DSP 中,为了提高编程的效率,定义了一些专用的指令来完成一些特殊的操作。双操作数指令的汇编书写格式、功能说明及所对应的代数表达式指令如表 5.11 所示。

表 5.11　专用指令的说明

助记符	操 作 数	功　能	代数表达式	字节/B	周期
ABDST	Xmem,Ymem	求绝对值	$B=B+\|A(16\sim32)\|$ $A=(Xmem-Ymem)<<16$	1	1
ABS	src[,dst]	累加器取绝对值	$dst=\|src\|$	1	1
CMPL	src[,dst]	累加器取反	$dst=-src$	1	1
DELAY	Smem	存储器单元延迟	$(Smem+1)=Smem$	1	1
EXP	src	求累加器的指数	$T=$符号位所在的位数$(src)-8$	1	1
FIRS	Xmem, Ymem, pmad	对称有限冲击响应滤波器	$B=B+A(16\sim32)\times pmad$ $A=(Xmem+Ymem)<<16$	2	3
LMS	Xmem,Ymem	求最小均方值	$B=B+Xmem\times Ymem$ $A=A+Xmem<<16+2^{15}$	1	1
MAX	dst	求累加器的最大值	$dst=max(A,B)$	1	1
MIN	dst	求累加器的最小值	$dst=min(A,B)$	1	1
NEG	src[,dst]	累加器变负	$dst=-src$	1	1
NORM	src[,dst]	归一化	$dst=src<<TS$ $dst=norm(src,TS)$	1	1
POLY	Smem	求多项式的值	$B=Smem<<16$ $A=rnd(A(16\sim32)\times T+B)$	1	1
RND	src[,dst]	累加器舍入运算	$dst=src+2^{15}$	1	1
SAT	src	对累加器的值做饱和计算	饱和运算(src)	1	1
SQDST	Xmem,Ymem	求两点之间距离的平方	$B=B+A(16\sim32)\times A(16\sim32)$ $A=(Xmem-Ymem)<<16$	1	1

【例 5.9】 已知指令执行前 $A=FFF0000100H$,$B=0000000002H$,$FRCT=0$,$AR2=0200H$,$AR3=0300H$,$(0200H)=6789H$,$(0300H)=1010H$。则

```
ABDST    * AR2 + ,    * AR3 +
```

指令执行后,$A=FF57790000H$,$B=0000010002H$,$C16=0$,$AR2=0202H$,$(0200H)=6789H$,$(0300H)=1010H$。

5.2.3　逻辑运算指令

在 TMS320C54x DSP 中,逻辑运算指令按照功能分为:与逻辑指令、或逻辑指令、异或逻辑指令、移位指令和测试指令。前三组指令是按位进行操作的。

1. 与逻辑指令

与逻辑指令的汇编书写格式、功能说明及所对应的代数表达式指令如表 5.12 所示。

表 5.12　与逻辑运算指令的说明

助记符	操 作 数	功 能	代数表达式	字节/B	周期
AND	Smem,src	操作数和累加器相与	src=src&Smem	1	1
AND	#1k[,SHFT], src[,dst]	长立即数移位后和累加器相与	dst=src& #1k <<SHIFT	2	2
AND	#1k,16,src[,dst]	长立即数左移 16 位后和累加器相与	dst=src& #1k<<16	2	2
AND	src[,SHIFT] [,dst]	源累加器移位后和目的累加器相与	dst=dst&src <<SHIFT	1	1
ANDM	#1k,Smem	操作数和长立即数相与	Smem=Smem& #1k	2	2

【例 5.10】　已知指令执行前 B＝000E0F2012H，AR2＝0200H，(0200H)＝6789H,则

```
AND    *AR2,   B   ;指令执行后,B=000E0F2000H,其余内容不变
```

2. 或逻辑指令

或逻辑指令的汇编书写格式、功能说明及所对应的代数表达式指令如表 5.13 所示。

表 5.13　或逻辑运算指令的说明

助记符	操 作 数	功 能	代数表达式	字节/B	周期
OR	Smem,src	操作数和累加器相或	src=src|Smem	1	1
OR	#1k[,SHFT], src[,dst]	长立即数移位后和累加器相或	dst=src| #1k <<SHIFT	2	2
OR	#1k,16,src[,dst]	长立即数左移 16 位后和累加器相或	dst=src| #1k<<16	2	2
OR	src[,SHIFT] [,dst]	源累加器移位后和目的累加器相或	dst=dst|src <<SHIFT	1	1
ORM	#1k,Smem	操作数和长立即数相或	Smem=Smem| #1k	2	2

【例 5.11】　已知指令执行前 B＝000E0F2012H，AR2＝0200H，(0200H)＝6789H,则

```
OR    *AR2,   B   ;指令执行后,B=000E0F679BH,其余内容不变
```

3. 异或逻辑指令

异或逻辑指令的汇编书写格式、功能说明及所对应的代数表达式指令如表 5.14 所示。

表 5.14　异或逻辑运算指令的说明

助记符	操 作 数	功 能	代数表达式	字节/B	周期
XOR	Smem,src	操作数和累加器相异或	src＝src∧Smem	1	1
XOR	♯1k[,SHFT],src[,dst]	长立即数移位后和累加器相异或	dst＝src∧♯1k<<SHFT	2	2
XOR	♯1k,16,src[,dst]	长立即数左移 16 位后和累加器相异或	dst＝src∧♯1k<<16	2	2
XOR	src[,SHIFT][,dst]	源累加器移位后和目的累加器相异或	dst＝dst∧src<<SHIFT	1	1
XORM	♯1k,Smem	操作数和长立即数相异或	Smem＝Smem∧♯1k	2	2

【例 5.12】　已知指令执行前 B＝000E0F2012H，AR2＝0200H，(0200H)＝6789H,则

```
XOR    * AR2,    B    ;指令执行后,B＝000E0F479BH,其余内容不变
```

4. 移位指令

移位指令的汇编书写格式、功能说明及所对应的代数表达式指令如表 5.15 所示。

表 5.15　移位指令的说明

助记符	操 作 数	功 能	代数表达式	字节/B	周期
ROL	src	累加器经进位位循环左移	C→src(0) (src(0～30)→src(1～31)) src(31)→C 0→src(32～39)	1	1
ROLTC	src	累加器经 TC 位循环左移	TC→src(0) src(0～30)→src(1～31) src(31)→C 0→src(32～39)	1	1
ROR	src	累加器经进位位循环右移	0→src(32～39) C→src(31) src(1～31)→src(0～30) src(0)→C	1	1

续表

助记符	操 作 数	功 能	代数表达式	字节/B	周期

SFTA	src,SHIFT [,dst]	累加器算术移位	dst=src<<SHIFT
			if SHIFT<0 then
			C=csrc((C−SHIFT)−12)
			dst=src(0～39)<<SHIFT
			if SXM=1 then
			dst(39～(39+(SHIFT+1)))or
			src(39～(39+(SHIFT+1)))=src(39)
			else
			dst(39～(39+(SHIFT+1)))or
			src(39～(39+(SHIFT+1)))=0
			else
			C=src(39～SHIFT)
			dst=src<<SHIFT
			dst((SHIFT−1)～0)or
			src((SHIFT−1)～0)=0
				1	1

SFTC	src	累加器条件移位	if src(31)=src(30) then src=src<<1 dst=src<<SHIFT if SHIFT<0 then C=src((−SHIFT)−1) dst(39～(31+(SHIFT+1)))=0	1	1

SFTL	src,SHIFT [,dst]	累加器逻辑移位	if SHIFT=0 then
			C=0
			else
			C=src(31−(SHIFT−1))
			dst=src((31−SHIFT)～0)<<SHIFT
			dst((SHIFT−1)～0)or
			src((SHIFT−1)～0)=0
			dst(39～32)[or src(39～32)]=0
				1	1

【例 5.13】 已知指令执行前 A=FF11001234H，C=1。则

```
ROL    A        ; 指令执行后,A = 00FE222469H
```

5. 测试指令

测试指令的汇编书写格式、功能说明及所对应的代数表达式指令如表 5.16
所示。

表 5.16 测试指令的说明

助记符	操 作 数	功 能	代数表达式	字节/B	周期
BIT	Xmem,BITC	测试指定位	TC=Xmem(15−BITC)	1	1
BITF	Smem,♯1k	测试由立即数指定的位域	if(Smem&.&.♯1k)=0 then TC=0 else TC=1	2	2
BITT	Smem	测试由 T 寄存器指定的位	TC=Smem(15−T(3~0))	1	1
CMPM	Smem,♯1k	比较单数据存储器操作数和立即数的值	if Smem=♯1k then TC=1 else TC=0 0≤CC≤3 CC=00,测试 ARx=AR0 CC=01,测试 ARx<AR0	2	2
CMPR	CC,ARx	辅助寄存器 ARx 与 AR0 相比较	CC=10,测试 ARx>AR0 CC=11,测试 ARx≠AR0 if(cond)then TC=1 else TC=0	1	1

【例 5.14】 已知指令执行前 AR2=0200H,TC=X,(0200H)=6789H,则

```
BIT        * AR2 + ,    5    ; 指令执行后,TC = 1, AR2 = 0201H
```

5.2.4 程序控制指令

程序控制指令用于控制程序的执行顺序。程序控制指令包括分支转移指令(B, BC)、调用指令(CALL)、中断指令(INTR,TRAP)、返回指令(RET)、重复指令(RPT)、堆栈操作指令(FRAME,POPD)和混合程序控制指令(IDLE,NOP)。条件分支转移指令或条件调用、条件返回指令都要用条件来限制分支转移、调用和返回操作,只有当一个条件或多个条件得到满足时才执行指令。

1. 分支转移指令

分支转移指令又分有条件转移和无条件转移两种。指令后缀有 D 的指令是延迟转移,指令执行时先执行下一条指令,然后才执行延迟转移指令的两条单字指令和一条双字指令。延迟转移可以减少转移指令的执行时间,但程序的可读性变差。另外,表 5.17 所列的转移指令都不能循环执行。

【例 5.15】 已知指令执行前 AR2=0200H,AR3=0003H,A=000000003H。则

```
LOOP:   ADD    * AR2,    A
        BANZ   LOOP,    * AR3 −
```

这两条指令的功能是实现了存储器地址单元 0200H 中的内容与累加器的内容累加 4 次的运算。

表 5.17 后缀有 D 的分支转移指令的说明

助记符	操 作 数	功 能	代数表达式	字节/B	周期
B[D]	Pmad	可选择延时的无条件分支转移	PC＝pmad(0～15)	2	4
BACC[D]	src	可选择延时的按累加器规定的地址转移	PC＝src(0～15)	1	6
BANZ[D]	pmad,Sind	辅助寄存器不为 0 时转移	if (Sind≠0)then PC＝pmad(0～15)	2	4
BC[D]	Pmad,cond [,cond][,cond]	可选择延时的条件分支转移	if(ond(s)then PC＝pmad(0～15)	2	5
FB[D]	extpmad	可选择延时的无条件远程分支转移	PC＝pmad(0～15) XPC＝pmad(16～22)	2	4
FBACC[D]	src	按累加器规定的地址远程分支转移	PC＝src(0～15) XPC＝src(16～22)	1	6

2. 调用指令

调用指令与分支转移指令的区别是,采用调用指令时,被调用的程序段执行完后要返回程序的调用处继续执行原程序。表 5.18 对延迟调用指令进行了说明。

表 5.18 延迟调用指令的说明

助记符	操 作 数	功 能	代数表达式	字节/B	周期
CALA[D]	src	按累加器规定的地址调用子程序	SP－SP－1,PC＋1[3]＝TOS PC＝src(0～15)	1	4
CALL[D]	pmad	无条件调用子程序	SP＝SP－1,PC＋2[4]＝TOS PC＝pmad(0～15)	1	4
CC[D]	Pmad,cond [,cond[,cond]]	有条件调用子程序	if(cond(s)then SP＝SP－1 PC＋2[4]＝TOS,PC＝pmad (0～15)	2	5
FCALA[D]	src	按累加器规定的地址远程调用子程序	SP＝SP－1,PC＋1[3]＝TOS PC＝src(0～15) XPC＝src(16～22)	2	6
FCALL[D]	extpmad	无条件远程调用子程序	SP＝SP－1,PC＋2[4]＝TOS PC＝pmad(0～15) XPC＝pmad(16～22)	1	4

【例 5.16】 已知指令执行前 PC＝2000H,SP＝0100H。则

CALL   DEL

指令执行后,(0100)=2001,SP=00FFH,子程序 DEL 的首地址送入到 PC 中,这样程序就到 DEL 处去执行。

3. 中断指令

当有中断发生时,INTM 位置 1,屏蔽所有可屏蔽中断,并设置 IRF 中相应的中断标志位。中断向量地址是由 PMST 中的 IPTR(9 位)和左移两位后的中断向量序号(中断向量序号为 0～31,左移两位后变为 7 位)组成的。表 5.19 是对中断指令的说明。

表 5.19 中断指令的说明

助记符	操作数	功　能	代 数 表 达 式	字节/B	周期
INTR	K	不可屏蔽的软件中断,关闭其他可屏蔽的软件中断	SP=SP−1,TOS=PC+1 PC=IPTR(7～15)+K<<2 INTM=1	1	3
TRAP	K	不可屏蔽的软件中断,不影响 INTM 位	SP=SP−1,TOS=PC+1 PC=IPTR(7～15)+K<<2	1	3

【例 5.17】 已知指令执行前 PC=2000H,SP=0100H,INTM=0,IPTR=1FFH。则

```
INTR    3
```

执行指令后,SP=00FFH,(00FFH)=2001H,PC=FF8CH,INTM=1。

4. 返回指令

返回指令用于在执行完调用程序段或中断服务程序后,使程序返回到调用指令或中断发生的地方以继续执行。表 5.20 是对返回指令的说明。

【例 5.18】 已知指令执行前 PC=2000H,SP=0100H,XPC=05H,ST1=2900H。(0100H)=1234H,(0101H)=1000H。则

```
FRETE
```

执行指令后,SP=0102H,XPC=1234H, PC=1000H,INTM=0。

表 5.20 返回指令的说明

助记符	操作数	功　能	代 数 表 达 式	字节/B	周期
FRET[D]		远程返回	XPC=TOS,SP=SP+1, PC=TOS,SP=SP+1	1	1
FRETE[D]		开中断,从远程中断返回	XPC=TOS,SP=SP+1, PC=TOS,SP=SP+1,INTM=0	1	1
RC[D]	cond[,cond[,cond]]	条件返回	if(cond(s)then PC=TOS,SP=SP+1 else PC=PC+1	1	1

续表

助记符	操作数	功　能	代 数 表 达 式	字节/B	周期
RET[D]		返回	PC=TOS,SP=SP+1	1	1
RETE[D]		开中断,从中断返回	PC=TOS,SP=SP+1,INTM=0	1	1
RETF[D]		开中断,从中断快速返回	PC=RTN,SP=SP+1,INTM=0	1	1

5. 重复指令

重复指令能使 DSP 重复执行一条指令或一段指令。在执行 RPT 或 RPTZ 期间,对所有可屏蔽中断都不响应。在执行 RPTB 指令前,必须把循环次数置入 BRC 寄存器中。在块重复执行期间,可以响应中断。表 5.21 是对重复指令的说明。

表 5.21　重复指令的说明

助记符	操作数	功　能	代 数 表 达 式	字节/B	周期
RPT	Smem	重复执行下条指令(Smem)+1 次	循环执行一条指令,RC=Smem	1	1
RPT	♯K	重复执行下条指令♯K+1 次	循环执行一条指令,RC=♯K	1	1
RPT	♯1k	重复执行下条指令♯1k+1 次	循环执行一条指令,RC=♯1k	2	2
RPTB[D]	pmad	块重复指令	循环执行一段指令,RSA=PC+2[4],REA=pmad	2	4/2
RPTZ	dst,♯1k	重复执行下条指令,累加器清零	循环执行一条指令,RC=♯1k,dst=0	2	2

【例 5.19】 下面指令序列的功能是实现 10 次加法操作。

```
RPT      ♯9H
ADD      * AR2 + ,A
```

6. 堆栈操作指令

堆栈操作指令可以对堆栈进行压入和弹出操作,操作数可以是立即数、数据存储器单元 Smem 或存储器映射寄存器 MMR。表 5.22 是对堆栈操作指令的说明。

【例 5.20】 已知指令执行前 num1 表示地址 200H,num2 表示地址 300H,SP=0100H,(0200H)=1234H,则连续执行下面两条指令

```
PSHD     num1     ; SP = 00FFH, (0100H) = 1234H,num1 不变
POPD     num2     ; SP = 0100H, (0300H) = 1234H,num2 不变
```

表 5.22　堆栈操作指令的说明

助记符	操作数	功　　能	代 数 表 达 式	字节/B	周期
FRAME	K	堆栈指针偏移一个立即数值	SP＝SP＋K，－128≤K≤127	1	1
POPD	Smem	将数据从栈顶弹出至数据存储器	Smem＝TOP，SP＝SP＋1	1	1
POPM	MMR	将数据从栈顶弹出至 MMR	MMR＝TOS，SP＝SP＋1	1	1
PSHD	Smem	将数据压入堆栈	SP＝SP－1，Smem＝TOS	1	1
PSHM	MMR	将 MMR 压入堆栈	SP＝SP－1，MMR＝TOS	1	1

7. 其他程序控制指令

为了实现程序灵活的转移，TMS320C54x DSP 还规定了其他一些控制指令。表 5.23 是对其他程序控制指令的说明。

表 5.23　其他程序控制指令的说明

助记符	操作数	功　　能	代 数 表 达 式	字节/B	周期
IDLE	K	保持空转状态，直到中断发生	PC＝PC＋1，1≤K≤3	1	4
MAR	Smem	修改辅助寄存器	if CMPT＝0 then 修改 ARx if CMPT＝1 and ARx≠AR0 then 修改 ARX，ARP＝x if CMPT＝1 and ARx＝AR0 then 修改 AR(ARP)，ARP 不变	1	1
NOP		空操作		1	1
RESET		软件复位		1	3
RSBX	N，SBIT	状态寄存器复位	STN(SBIT)＝0	1	1
SSBX	N，SBIT	状态寄存器置位	STN(SBIT)＝1	1	1
XC	n，cond[，cond[，cond]]	有条件执行	如果满足条件，执行下面的 n 条指令，n＝1 或 2，否则执行 n 条 NOP 指令	1	1

【例 5.21】　XC 指令的使用。

```
XC        2,     AGEQ          ; 如果 A≥0,则执行下面 2 条指令,否则执行 2 条 NOP 指
                               ; 令,即空操作
```

XC 指令的条件在执行下面的指令前被确定，无论条件满足否，程序的执行时间是一样的，所以 XC 的效率比一般的转移指令高。

5.2.5　加载和存储指令

加载和存储指令用于完成数据的读入和保存，包括一般的加载和存储指令（LD，ST）、条件存储指令（CMPS，SACCD）、并行的加载和乘法指令（LD‖MAC）、并行的加

载和存储指令(ST‖LD)、并行的存储和加减指令(ST‖ADD,ST‖SUB)以及其他加载和存储指令(MVDD,PORTW,READA)。

1. 加载指令

加载指令用于将数据存储单元中的数据、立即数或源累加器的值装入目的累加器、暂时寄存器 T 等。加载指令的说明见表 5.24 所示。

表 5.24　加载指令的说明

助记符	操 作 数	功 能	代数表达式	字节/B	周期
DLD	Lmem,dst	双精度/双 16 位长字加载累加器	dst=Lmem	1	1
LD	Smem,dst	将操作数加载累加器	dst=Smem	1	1
LD	Smem,TS,dst	操作数按 TREG(0～5)移位后加载累加器	dst=Smem<<TS	1	1
LD	Smem,16,dst	操作数左移 16 位后加载累加器	dst=Smem<<16	1	1
LD	Smem[,SHIFT],dst	操作数移位后加载累加器	dst=Smem<<SHIFT	2	2
LD	Xmem,SHFT,dst	操作数移位后加载累加器	dst=Xmem<<SHFT	1	1
LD	♯K,dst	短立即数加载累加器	dst=♯K	1	1
LD	♯1k[,SHFT],dst	长立即数移位后加载累加器	dst=♯1k<<SHFT	2	2
LD	♯1k,16,dst	长立即数左移 16 位后加载累加器	dst=♯1k<<16	1	1
LD	src,ASM[,dst]	源累加器被 ASM 移位后加载目的累加器	dst=src<<ASM	1	1
LD	src[,SHIFT],dst	源累加器移位后加载目的累加器	dst=src<<SHIFT	1	1
LD	Smem,T	操作数加载 T 寄存器	T=Smem	1	3
LD	Smem,DP	9 位操作数加载 DP	DP=Smem(0～8)	1	1
LD	♯k9,DP	9 位立即数加载 DP	DP=♯k9	1	1
LD	♯k5,ASM	5 位立即数加载 ASM	ASM=♯k5	1	1
LD	♯k3,ARP	3 位立即数加载 ARP	ARP=♯k3	1	1
LD	Smem,ASM	5 位操作数加载 ASM	ASM=Smem(0～4)	1	1
LDM	MMR,dst	将 MMR 加载到累加器	dst=MMR	1	1
LDR	Smem,dst	操作数舍入加载累加器高位	dst(16～31)=rnd(Smem)	1	1
LDU	Smem,dst	无符号操作数加载累加器	dst=uns(Smem)	1	1
LTD	Smem	操作数加载 T 寄存器并延迟	T=Smem,(Smem+1)=Smem	1	1

【例 5.22】 给累加器 B 加载一个双 16 位字长数。已知指令执行前，AR1＝0200H,(0200H)＝1234H,(0201H)＝5678H,则

```
STM    #0200H,    AR1
DLD    *AR1+,     B
```

指令执行后,AR1＝0202H,B＝0012345678H。

注意：AR1＝0200 是偶地址,则双 16 位的数据来自于地址 0200H 和 0201H,其中低 16 位取自高地址(0201H)的内容,低 16 位取自低地址(0200H)的内容。

2. 存储指令

存储指令用于将暂时寄存器 T、立即数、源累加器或状态转移寄存器 TRN 的值保存到数据存储单元或存储器映射寄存器中。存储指令又分为无条件存储(就是常说的存储指令)和有条件存储两类,说明分别见表 5.25 和表 5.26 所示。

表 5.25　存储指令的说明

助记符	操 作 数	功　　能	代数表达式	字节/B	周期
DST	src,Lmem	累加器值存到长字单元中	Lmem＝src	1	2
ST	T,Smem	存储 T 寄存器值	Smem＝T	1	1
ST	TRN,Smem	存储 TRN 寄存器值	Smem＝TRN	1	1
ST	#1k,Smem	存储长立即数	Smem＝#1k	2	2
STH	src,Smem	存储累加器的高位	Smem＝src(16～31)	1	1
STH	src,ASM,Smem	累加器高位按 ASM 移位后存储	Smem＝src(16～31)<<ASM	1	1
STH	src,SHFT,Xmem	累加器高位移位后存储	Xmem＝src(16～31)<<SHFT	1	1
STH	Src[,SHIFT],Smem	累加器高位移位后存储	Smem＝src(16～31)<<SHIFT	2	2
STL	src,Smem	存储累加器的低位	Smem＝src(0～15)	1	1
STL	src,ASM,Smem	累加器低位按 ASM 移位后存储	Smem＝src(0～15)<<ASM	1	1
STL	src,SHFT,Xmem	累加器低位移位后存储	Smem＝src(0～15)<<SHFT	1	1
STL	Src[,SHIFT],Smem	累加器低位移位后存储	Smem＝src(0～15)<<SHIFT	2	2
STLM	src,MMR	累加器低位存储到 MMR 中	MMR＝src(0～15)	1	1
STM	#1k,MMR	长立即数存储到 MMR 中	MMR＝#1k	2	2

表 5.26 条件存储指令的说明

助记符	操 作 数	功 能	代数表达式	字节/B	周期
CMPS	src,Smem	比较、选择并存储最大值	if src(16~31)>src(0~15) Smem=src(16~31) else Smem=src(0~15)	1	1
SACCD	src,Xmem,cond	有条件存储累加器值	if(cond) Xmem=src<<(ASM-16) else Xmem=Xmem	1	1
SRCCD	Xmem,cond	有条件存储块重复计数器	if(cond)Xmem=BRC else Xmem=Xmem	1	1
STRCD	Xmem,cond	有条件存储 T 寄存器值	if(cond)Xmem=T else Xmem=Xmem	1	1

【例 5.23】 给累加器 B 加载一个双 16 位字长数。已知指令执行前,AR1＝0290H,(0090H)＝1234H,则

```
STM    ♯5678H,      * AR1 +
```

指令执行后,(0090H)＝5678H,AR1＝0091。

注意:把 AR1 改变,8~15 位清零,0~7 位不变,然后把立即数放入改变后的 AR1 指定的地址中,地址加 1 再送回 AR1 中。

【例 5.24】 SACCD   A,   * AR1 + 2,   AGT

指令先判断 A 是否满足条件(大于 0),若是,则把 A 的值左移(ASM-16)位,结果放入 AR1 中,然后 AR1＝AR1＋AR2。若 A 不满足条件,则不执行操作。

3. 其他加载和存储指令

除了可以实现上述的加载和存储外,还可以实现两个数据存储单元间数据的传送,两个存储器映射寄存器单元间数据的传送等,不受状态为影响。表 5.27 是对这些指令的说明。

表 5.27 其他加载和存储指令的说明

助记符	操 作 数	功 能	代数表达式	字节/B	周期
MVDD	Xmem,Ymem	在数据存储器内部传送数据	Ymem=Smem	1	1
MVDK	Smem,dmad	向数据存储器内部指定地址传送数据	dmad=Smem	1	1
MVDM	dmad,MMR	数据存储器向 MMR 传送数据	MMR=dmad	1	1

助记符	操 作 数	功　能	代数表达式	字节/B	周期
MVDP	Smem,pmad	数据存储器向程序存储器传送数据	pmad＝Smem	1	1
MVKD	dmad,Smem	向数据存储器内部指定地址传送数据	Smem＝dmad	1	1
MVMD	MMR,dmad	MMR向数据存储器传送数据	dmad＝MMR	1	1
MVMM	MMRx,MMRy	MMRx 向 MMRy 传送数据	MMRy＝MMRx	1	1
MVPD	Pmad,Smem	程序存储器向数据存储器传送数据	Smem＝pmad	1	1
PORTR	PA,Smem	从 PA 口输入数据	Smem＝PA	1	1
POPTW	Smem,PA	从 PA 口输出数据	PA＝Smem	1	1
READA	Smem	按累加器 A 寻址读程序寄存器并存入数据存储器	Smem＝Pmem(A)	1	1
WRITA	Smem	将数据按累加器 A 寻址写入程序寄存器	Pmem(A)＝Smem	1	1

【例 5.25】 已知指令执行前,AR1＝0200H,(0200H)＝1234H,(2100H)＝5678H。

```
MVKD  *AR1-,  2100H
```

指令执行后,(2100H)＝1234H,AR1＝01FFH。

4. 并行执行指令

TMS320C54x DSP 支持在不引起硬件资源冲突的情况下并行执行指令,并行执行指令有:并行加载和存储单元、并行加载和乘法指令、并行存储和加/减指令及并行存储和乘法指令,其指令说明分别见表 5.28～表 5.31 所示。并行执行指令时,要同时使用 DB 总线和 EB 总线,DB 用来执行加载或算术运算,EB 用来存放先前的结果。

表 5.28　并行加载和存储指令的说明

助记符	用　　法	功　能	代数表达式	字节/B	周期
ST ‖ LD	ST src,Ymem ‖ LD Xmem,dst	存储累加器并加载累加器	Ymem＝src≪(ASM−16) ‖ dst＝Xmem≪16	1	1
ST ‖ LD	ST src,Ymem ‖ LD Xmem,T	存储累加器并加载T 寄存器	Ymem＝src≪(ASM−16) ‖ T＝Xmem	1	1

表 5.29 并行加载和乘法指令的说明

助记符	用 法	功 能	代数表达式	字节/B	周期
LD ‖ MAC	LD Xmem,dst ‖ MAC Ymem,dst_	加载累加器并行乘法累加运算	dst=Xmem<<16 ‖ dst_=dst_+ T×Ymem	1	1
LD ‖ MACR	LD Xmem,dst ‖ MACR Ymem, dst_	加载累加器并行乘法累加运算（带舍入）	dst=Xmem<<16 ‖ dst_=rnd(dst_+ T×Ymem)	1	1
LD ‖ MAS	LD Xmem,dst ‖ MAS Ymem,dst_	加载累加器并行乘法减法运算	dst=Xmem<<16 ‖ dst_=dst_- T×Ymem	1	1
LD ‖ MASR	LD Xmem,dst ‖ MASR Ymem, dst_	加载累加器并行乘法减法运算（带舍入）	dst=Xmem<<16 ‖ dst_=rnd(dst_- T×Ymem)	1	1

表 5.30 并行存储和加/减指令的说明

助记符	用 法	功 能	代数表达式	字节/B	周期
ST ‖ ADD	ST src,Ymem ‖ ADD Xmem,dst	存储累加器值并行加法运算	Ymem=src<<(ASM-16) ‖ dst=dst_+Xmem<<16	1	4
ST ‖ SUB	ST src,Ymem ‖ SUB Xmem,dst	存储累加器值并行减法运算	Ymem=src<<(ASM-16) ‖ dst=Xmem<<16-dst_	1	4

表 5.31 并行存储和乘法指令的说明

助记符	用 法	功 能	代数表达式	字节/B	周期
ST ‖ MAC	ST src,Ymem ‖ MAC Xmem,dst	存储累加器值并行乘法累加运算	Ymem=src<<(ASM-16) ‖ dst=dst+T×Xmem	1	1
ST ‖ MACR	ST src,Ymem ‖ MACR Xmem,dst	存储累加器值并行乘法累加运算（带舍入）	Ymem=src<<(ASM-16) ‖ dst=rnd(dst+T×Xmem)	1	1
ST ‖ MAS	ST src,Ymem ‖ MAS Xmem,dst	存储累加器值并行乘法减法运算	Ymem=src<<(ASM-16) ‖ dst=dst-T×Xmem	1	1
ST ‖ MASR	ST src,Ymem MASR Xmem,dst	存储累加器值并行乘法减法运算（带舍入）	Ymem=src<<(ASM-16) ‖ dst=rnd(dst-T×Xmem)	1	1
ST ‖ MPY	ST src,Ymem ‖ MPY Xmem,dst	存储累加器值并行乘法运算	Ymem=src<<(ASM-16) ‖ dst=T×Xmem	1	1

对于并行指令的说明如下。

1) 并行加载和存储指令

(1) 指令受标志位 OVM 和 ASM 影响,寻址后影响 C 标志位。

(2) 如果源操作数和目的操作数指向同一个单元,应先读后写。

2) 并行加载和乘法指令

指令受标志位 OVM,SXM 和 FRCT 影响,寻址后影响 OVdst 标志位。

3) 并行存储和加减指令

指令受标志位 OVM,SXM 和 ASM 影响,寻址后影响 C 和 OVdst 标志位。

4) 并行存储和乘法指令

指令受标志位 OVM,SXM,ASM 和 FRCT 影响,寻址后影响 C 和 OVdst 标志位。

【例 5.26】 若指令执行前各标志位如下,OVM＝0,SXM＝0,ASM＝0,FRCT＝1。则

```
ST   A,     * AR2
||ADD     * AR3 + 0 % ,    B
```

指令执行后,(AR2)＝A<<(ASM−16),B＝A+(AR3)<<16,C＝1,OVB＝1。

5.3　TMS320C54x DSP 汇编语言的编辑、汇编与链接过程

TMS320C54x DSP 汇编语言源程序包括指令性语句、伪指令和宏指令。由汇编语言编写的汇编语言源程序经过汇编器汇编生成机器语言目标程序(扩展名是.OBJ 的文件),再由链接器将多个目标程序链接成一个单个的可执行程序。此过程如图 5.1 所示。

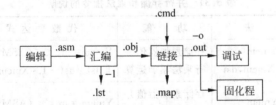

图 5.1　汇编语言程序的编辑、汇编和链接过程

指令性语句就是 5.2 节介绍的用各种助记符或代数表达式表示的机器指令,每条指令在汇编时都要产生一一对应的目标代码,这种语句是 CPU 可执行语句;伪指令仅在汇编和链接时提供控制信息和数据,起提示或注释的作用,例如,说明源程序的起止、段定义,安排各类信息的存储结构以及说明有关的变量等,并不产生目标代码;宏指令则是用户自己创建的指令,在汇编时将其展开并汇编为对应的目标代码。

1. 编辑

利用 EDIT、记事本、WORD 等文本编辑器编写程序代码,形成扩展名为 .asm 的源

文件。

2. 汇编

利用 TMS320C54x 的汇编器 ASM500 对已经编好的一个或者多个源文件分别进行汇编,并生成扩展名分别为.lst 的列表文件和.obj 的目标文件。常用的汇编命令格式为

```
asm500  %1   [-s  -l  -x]
```

其中,%1 的位置用源文件名代入。可选项参数-s,-l 和-x 的意义如下。

-s——将所有定义的符号放在目标文件的符号表中。

-l——产生一个列表文件。

-x——产生一个交叉汇编表,并把它附加到列表文件的最后。

此外,ASM500 还可以加入一些参数选项,说明如下。

-a——生成绝对列表文件。汇编器不产生目标文件(.obj)。

-c——使汇编语言文件中大小写没有区别。

-d——为名字符号设置初值,这和.set 等效。如:asm500-d name＝111 将使程序中的 name 设置为 111,默认赋值为 1。

-hc——将选定的文件复制到汇编模块。格式为-hc file name,所选定的文件被插入到源文件语句的前面,复制的文件将出现在汇编列表文件中。

-hi——将选定的文件包含到汇编模块。格式为-hi file name,所选定的文件包含到源文件语句的前面,所包含的文件不出现在汇编列表文件中。

-i——规定一个目录,以便于汇编器找到.copy,.include 和.mlib 命令所命名的文件。格式为-i path name 时最多可规定 10 个目录,每条路径名的前面必须加上-i 选项。

-mg——源文件,包含有代数指令。

-q——quiet 静处理,汇编器不产生任何程序的信息。

3. 链接

利用 TMS320C54x 的链接器 LNK500,根据链接器命令文件(.cmd)对已经汇编过的一个或多个目标文件(.obj)进行链接,生成.map 文件和.out 文件。常用的链接器命令格式为

```
lnk500  1%  .cmd
```

其中,1% 的位置用目标文件名代入。命令文件(.cmd)是对存储器进行配置的文件,该文件生成方式将在后面详细介绍。

另外,运行链接器还可以有以下两种方法。

* 直接输入命令 lnk500,如果其后不输入任何参数,则链接器将给出如下提示等待用户回答。

```
Command files:
Object files[.obj]:
Output file[a.out]:
Options:
```

其中各字段含义如下。

Command files(命令文件)：等待用户输入一个或多个命令文件。

Object files(目标文件)：等待用户输入一个或多个需要链接的目标文件名。缺省扩展名为.obj,文件名之间要用空格或逗号分开。

Output file(输出文件)：等待用户输入一个输出文件名,也就是链接器生成的输出模块名。如果此项缺省,链接器将生成一个名为 a.out 的输出文件。

Options(选项)：提示附加的选项,选项前应加一短横线,也可以在命令文件中安排链接选项。

当出现上述界面时,用户必须要给出目标文件名,扩展名可缺省,其余提示行后按Enter键即可。

- 也可以带参数输入命令 lnk500,其格式如下：

```
lnk500  filel.obj  file2.obj  [-o  link.out]
```

其中,file1.obj 和 file2.obj 表示需要链接的两个目标文件,链接后生成一个名为link.out 的执行输出文件。当可选项-o link.out 缺省时,将生成一个名为 a.out 的输出文件。

当然也可有其他参数的可选项,说明如下。

-m——生成一个 filename.map 映像文件。.map 文件中列出了输入/输出段布局,以及外部符号重定位之后的地址等。此可选项较常用。

-o——指定可执行输出模块的文件名,缺省时此文件名为 a.out。此可选项较常用。

-a——生成一个绝对地址的可执行输出模块。所建立的绝对地址输出文件中不包含重新定位信息。如果未指定-a 或-r,默认为-a。

-ar——生成地址可重新定位的可执行目标模块。

-e global_symbol——定义一个全局符号,表明程序从这个标号开始运行。

-f fill_value——对输出模块各段之间的空单元设置一个 16 位常数值(fill_value)。

-r——生成一个可重新定位的输出模块。

-stack——设置堆栈大小,默认值为 1KB。

-I path name——链接器在此路径下搜索需要的文件。

-I file name——必须出现在-I 之后。file name 一般为存档文件。

-vn——指定输出文件的 COFF 格式。默认格式是 COFF2。

注意：除-l 和-i 选项外,其他选项的先后顺序并不重要。选项之间可以用空格分开。

5.4　汇编器

汇编器(Assembler)的功能是将汇编语言源文件汇编成机器语言 COFF 的目标文件。汇编器的功能如下。

- 将汇编语言源程序汇编成一个可重新定位的目标文件(.obj 文件)。
- 可以根据需要生成一个列表文件(.lst 文件)。
- 可以根据需要在列表文件后面附加一张交叉引用表。
- 将程序代码分成若干段,为每个目标代码段设置一个 SPC(段程序计数器)。
- 定义和引用全局符号。
- 汇编条件程序块。
- 支持宏功能,允许定义宏命令。

5.4.1　公共目标文件格式——COFF

汇编器建立的目标文件格式称为公共目标文件格式(Common Object File Format,COFF)。

由于 COFF 在编写一个汇编语言程序时,同时采用代码段和数据段的形式,因此 COFF 会使模块化编程和管理变得更加方便。

COFF 文件有三种形式：COFF0,COFF1 和 COFF2。每种形式的 COFF 文件都有不同的头文件,而其数据部分是相同的。TMS320C54x DSP 汇编器和 C 编译器建立的是 COFF2 文件。链接器能够读/写所有形式的 COFF 文件,默认生成的是 COFF2 文件。用链接器-vn 选项可以选择不同形式的 COFF 文件。

5.4.2　COFF 文件中的符号

段是 COFF 文件中最重要的概念,段是指连续占用存储空间的一个代码块或数据块。一个 COFF 文件中的每一个段都是分开的和各不相同的。所有的 COFF 文件都包含三个形式的段：

```
.text     文本段
.data     数据段
.bss      保留空间段
```

此外,汇编器和链接器都可以建立、命名和链接自定义段,这些段的使用与.text、.data 和.bss 段类似。其优点是在目标文件中与.text、.data 和.bss 分开汇编,链接时作为一个单独的部分分配到存储器中。

段有两类：已初始化段和未初始化段。已初始化段中包含有数据和程序代码,包括.text、.data 以及.sect 段；未初始化段为未初始化过的数据保留存储空间,包括.bss 和.usect。

【例 5.27】 下面是某个文件指令性语句前关于段定义的指令序列。

```
    .global start     ; 定义全局标号
    .mmregs
    .data
    .bss    x,1       ; 开设全局变量(非初始化段)
    .bss    y,1       ; 三个变量各为一个字(16 位)
    .bss    z,1
    .text
start:
    stm     #x,ar1    ; 取得变量 x 的地址
    …
```

5.4.3 常用汇编伪指令

TMS320C54x DSP 伪指令给程序提供数据和控制汇编过程。具体实现以下任务。

(1) 将数据和代码汇编进特定的段。

(2) 为未初始化的变量保留存储器空间。

(3) 控制展开列表的形式。

(4) 存储器初始化。

(5) 汇编条件块。

(6) 定义全局变量。

(7) 指定汇编器可以获得宏的特定库。

(8) 检查符号调试信息。

常用的伪指令如表 5.32 所示。

表 5.32 常用伪指令

伪指令	用　　法	功　　能
title	. title"string"	标题名。例如:. title"example. asm"
end	. end	结束伪指令,放在汇编语言源程序的最后
text	. text[段起点]	包含可执行程序代码
data	. data[段起点]	包含初始化数据
int	. int value$_1$[,…,value$_n$]	设置 16 位无符号整型值
word	. word value$_1$[,…,value$_n$]	设置 16 位有符号整型值
bss	. bss 符号,字数	为未初始化的变量保留存储空间
sect	. sect"段名"[,段起点]	建立包含代码和数据的自定义段
usect	符号. usect"段名",字数	为未初始化的变量保留存储空间的自定义段
def	. def 变量 1[,…,变量 n]	在当前模块中定义,并可在别的模块中使用
ref	. ref 变量 1[,…,变量 n]	在当前模块中使用,但在别的模块中定义
global	. global 变量 1[,…,变量 n]	可替代. def 和. ref 伪指令
mmregs	. mmregs	定义存储器映射寄存器的替代符号

注意：任何具有伪指令的源语句都可能有标号和注释。标号开始于第一列（只有它才能出现在第一列），所有的注释都以分号或星号开头。

1. 段定义伪指令

常用的有5条：.data用于存放有初值的数据块；.usect用于为堆栈保留一块存储空间；.text用于设置代码段；.bss用于为变量保留一块存储空间；.sect常用于定义中断向量表。

汇编器依靠这5条命令识别汇编语言源程序的各个部分，如果源程序中缺省段定义伪指令，那么汇编器就把程序中的内容都汇编到.text段。

2. 常数初始化伪指令

把程序中要用到的常数，初始化到存储器或在存储器中初始化一部分存储空间。常数初始化伪指令如表5.33所示。

表5.33 常数初始化伪指令

伪指令	用 法	功 能
bes	.bes size in bits	保留确定数目的位
space	.space size in bits	保留确定数目的位
byte	.byte value$_1$[,…,value$_n$]	初始化一个或多个字节
field	.field value[,size in bits]	将单个值放入当前字的指定位域
int	.int value$_1$[,…,value$_n$]	设置16位无符号整型量
word	.word value$_1$[,…,value$_n$]	设置16位带符号整型量
float	.float value$_1$[,…,value$_n$]	初始化一个或多个32位的数据，为IEEE浮点数
xfloat	.xfloat value$_1$[,…,value$_n$]	初始化一个或多个32位的数据，为IEEE单精度的浮点格式
string	.string"sring$_1$"[,…,"string$_n$"]	初始化一个或多个字符
psting	.psting"sting$_1$"[,…,"string$_n$"]	初始化一个或多个字符
long	.long value$_1$[,…,value$_n$]	设置32位无符号整型值
xlong	.xlong value$_1$[,…,value$_n$]	设置32位无符号整型值

注：这些伪指令都指在当前段中常数初始化。

3. 段程序计数器定位伪指令

段程序计数器定位伪指令的句法如下：

```
.align[size in bits]
```

该指令使段程序计数器SPC对准1～128字的边界，保证该指令后面的代码从一个字或页的边界开始。不同的操作数代表了不同的含义：

1——表示让SPC对准字边界；

2 表示让SPC对准长字/偶地址边界；

128——表示让SPC对准页边界。

当.align不带操作数时，其缺省值为128，即对准页边界。

4. 输出列表格式伪指令

表 5.34 列出了输出列表格式伪指令的用法和功能。

表 5.34　输出列表格式的伪指令

伪　指　令	用　　法	功　　能
length	. length page length	控制列表文件的页长度
list/nolist	. list/. nolist	打开/关闭输出列表
drlist/drnolist	. drlist/. drnolist	伪指令加入/不加入列表文件
page	. page	在输出列表中产生一个页指针
title	. title "string"	打印每一页的标题
width	. width page width	设置列表文件的页宽度
fclist/fcncolist	. fclist/. fcnolist	允许/禁止假条件块出现在列表中
mlist/mnolist	. mlist/. mnolist	打开/关闭宏扩展和循环块的列表
sslist/ssnoust	. sslist/. ssnolist	允许/禁止替换符号扩展列表
tab	. tab size	定义制表键 Tab 的大小
option	. option{B|L|M|R|T|W|X}	控制列表文件中的某些属性

表 5.34 中,. option 操作数所代表的含义如下。

B——把. byte 伪指令的列表限制在一行里。

L——把. long 伪指令的列表限制在一行里。

M——关掉列表中的宏扩展。

R——复位 B,M,T 和 W 选项。

T——把. string 伪指令的列表限制在一行里。

W——把. word 伪指令的列表限制在一行里。

X——产生一个符号交叉参照列表。

5. 文件引用伪指令

文件引用伪指令用法及功能如表 5.35 所示。

表 5.35　文件引用伪指令

伪　指　令	用　　法	功　　能
Copy	. copy ["]filename["]	从其他文件读源文件,所读语句出现在列表中
include	. include["]filename["]	从其他文件读源文件,所读语句不出现在列表中
def	. def symbol$_1$[,$\cdots$,symbol$_n$]	确认在当前段中定义且能被其他段使用的符号
global	. global symbol$_1$[,$\cdots$,symbol$_n$]	声明一个或多个外部符号
mlib	. mlib["]filename["]	定义宏库名
ref	. ref symbol$_1$[,$\cdots$,symbol$_n$]	确认在当前段中使用且在其他段中定义的符号

6. 条件汇编伪指令

条件汇编伪指令分两种情况。

（1）第一种情况：

```
.if      well - defined expression
.elseif   well - defined expression
.else
.endif
```

这些指令告诉汇编器根据表达式的值来条件汇编一块代码。.if 表示一个条件块的开始，如果条件为真，就汇编紧接着的代码。.elseif 表示如果.if 的条件为假，.elseif 的条件为真，就汇编紧接着的代码。.endif 结束该条件块。

（2）第二种情况：

```
.loop   [well - defined expression]
.break  [well - defined expression]
.endloop
```

这组指令告诉汇编器按照表达式的值循环汇编一块代码。.loop expression 标注一块循环代码的开始。.break expression 告诉汇编器当表达式的值为假时，继续循环汇编；当表达式的值为真时，立刻转到.endloop 的代码去。.endloop 标注一个可循环块的末尾。.loop 后面的操作数是循环执行的次数，其默认值是 1024。

7. 符号定义伪指令

符号定义伪指令用法和功能如表 5.36 所示。

表 5.36　符号定义伪指令

伪 指 令	用　　法	功　　能
asg	.asg["]字符串["]，替换符号	将一个字符串赋给一个替换符号
endstruct	.endstruct	设置类似于 C 的结构定义
equ/set	符号 .equ/.set 常数	将值赋给符号
eval	.eval 表达式，替换符号	将表达式的值传送到与替代符号等同的字符串中
label	.label 符号	定义一个特殊符号指向当前段中的装入地址
struct	.struct	设置类似于 C 的结构定义
tag	标号 .tab 结构名	将结构特性与一个标号联系起来

8. 其他伪指令

其他伪指令如表 5.37 所示。

表 5.37　其他伪指令

伪指令	用　　法	功　　能
algebraic	.algebraic	告诉编译器，文件中包含了算术伪指令
end	.end	结束程序
mmregs	.mmregs	定义存储器映射寄存器的符号名称

续表

伪指令	用　　法	功　　能
version	. version	决定指令所运行的处理器
emsg	. emsg　字符串	把错误信息发送到标准输出设备中
mmsg	. mmsg　字符串	把编译时的信息发送到标准输出设备中
wmsg	. wmsg　字符串	把警告信息发送到标准输出设备中
sblock	. sblock ["]段名["][,…,"段名"]	指定几段为一个模块
newblock	. newblock	使局部标号复位

9. 宏指令

TMS320C54x DSP 汇编器支持宏语言。宏命令是用户根据需要编写的具有独立功能的一段程序代码。宏命令一经定义,便可在以后的程序中多次调用,从而可以简化和缩短源程序。其功能介绍如下。

(1) 定义自己的宏,重新定义已存在的宏。

(2) 简化长的或复杂的汇编代码。

(3) 访问由归档器创建的宏库。

(4) 处理一个宏中的字符串。

(5) 控制展开列表。

宏的使用可分为三个过程:宏定义、宏调用和宏展开。

• 宏定义

宏命令可以在源程序的任何位置定义,但必须在宏调用之前先定义好。宏定义也可以嵌套。定义格式如下:

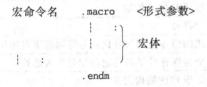

注意:

(1) 如果定义的宏命令名与某条指令或以前的宏定义重名,就将替代它们。

(2) 宏命令名中仅前 32 个字符有效,当有多个形式参数时,参数之间必须以逗号隔开。

(3) 宏体由指令或伪指令构成。

(4) . macro 与 . endm 必须成对出现。

【例 5.28】 求三个数之和的宏定义如下。

```
num3    .macro  x,y,z,sum3
LD      x,A
ADD     y,A
```

```
ADD     z,A
STL     A,sum3
.endm
```

* 宏调用

宏命令定义好之后,就可以在源程序指令中出现宏命令名来调用宏。格式如下:

宏命令名　　　<实际参数>

注意:实际参数的数目应与相应宏定义的形式参数的数目相等。

【**例5.29**】　将上例的宏定义进行宏调用如下:

```
add3    abc,def,ghi,adr
```

这里 abc,def,ghi 和 adr 是由伪指令.global 定义的符号。

* 宏展开

对于源程序指令中出现的宏调用语句,汇编时就将进行宏展开。在宏展开时,汇编器将实际参数传递给形式参数,再用宏定义替代宏调用语句,并对其进行汇编。上例的宏展开如下:

```
1
1    00000  1000!  LD    abc,A
1    00001  0000!  ADD   def,A
1    00002  0000!  ADD   ghi,A
1    00003  8000!  STL   A,adr
```

【**例5.30**】　实现两个32位数加法的程序如下。

```
        .mmregs
        .global    _c_int00

STACK .usect    "STACK", 10H
        .bss x, 2         ;32 位的加数
        .bss y, 2         ;32 位的加数
        .bss z, 2         ;32 位的和数
        .def start
        .data
table: .long    16782345H, 10200347H  ;两个加数的值

        .text
_c_int00:
        STM     #STACK+10,          SP
        B       start

start: STM      #x,   AR1              ;装入数据
        RPT     #3
        MVPD    table, *AR1+
        DLD     *(x),   A              ;长字装入
```

```
        DADD        *(y),    A          ;长字加法
        DST         A,       *(z)       ;长字装入
end:    B           end
        .end
```

5.4.4　汇编器对段的处理

汇编器靠 5 条命令(.bss,.usect,.text,.data 和.sect)识别汇编语言程序的各个部分。

汇编器第一次遇到新段时,将该段的段程序计数器(SPC)置为 0,并将随后的程序代码或数据顺序编译进该段中。汇编器遇到同名段时,将它们合并,然后将随后的程序代码或数据顺序编译进该段中。

当汇编器遇到.text,.data 和.sect 伪指令时,汇编器停止将随后的程序代码或数据顺序编译进当前段中,而是顺序编译进入遇到的段中。

当汇编器遇到.bss 和.usect 伪指令时,汇编器并不结束当前段,而只是简单地暂时脱离当前段,随后的程序代码或数据仍将顺序编译进当前段中。.bss 和.usect 伪指令可以出现在.text,.data 和.sect 段中的任何位置,它们不会影响这些段的内容。

汇编器为每个段都安排了一个单独的段程序计数器(SPC)。SPC 表示一个程序代码或数据段内的当前地址。初始时,汇编器将每个 SPC 置为 0。当代码或数据被加到一个段内时,相应的 SPC 的值就增加。如果继续汇编进一个段,则汇编器记住前面的SPC 值,并在该点继续增加 SPC 的值。链接器在链接时要对每个段进行重新定位。

5.5　链接器

TMS320C54x DSP 链接器的作用就是根据链接命令或链接命令文件(.cmd 文件),将一个或多个 COFF 目标文件链接起来,生成存储器映像文件(.map)和可执行文件的输出文件(.out)(COFF 目标模块)。

链接器的功能如下:

- 将各个段配置到目标系统的存储器中,如图 5.2 所示。

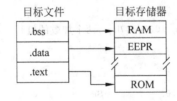

图 5.2　目标文件中的段与目标存储器之间的关系

- 采用的是一种相对的程序定位方式,对各个符号和段进行重新定位,并给它们指定一个最终的地址。
- 解决输入文件之间未定义的外部引用问题。

程序的重定位是链接器的主要功能。程序的重定位方式有三种：编译时重定位、链接时重定位和加载时重定位。编译时重定位简单、容易上手,但程序员必须熟悉硬件资源。链接时重定位程序员不必熟悉硬件资源,可将软件开发人员和硬件开发人员基本上分离开,但定位灵活、上手较难;而加载时重定位则必须要有操作系统支持。

TMS320C54x DSP 系统采用链接时重定位,编程时由段伪指令来区分不同的代码块和数据块;编译器每遇到一个段伪指令,就从 0 地址重新开始一个代码块或数据块;链接器将同名的段合并,并按.cmd 文件中的段命令进行实际的定位。本节重点讨论链接时的重定位方式。

5.5.1 链接器对段的处理

链接器对段的处理具有两个功能。其一,将输入段组合生成输出段,即将多个.obj 文件中的同名段合并成一个输出段;也可将不同名的段合并产生一个输出段。其二,将输出段定位到实际的存储空间中。链接器提供 MEMORY 和 SECTIONS 两个命令来完成上述功能。MEMORY 命令用于描述系统实际的硬件资源;SECTIONS 命令用于描述段如何定位到恰当的硬件资源上。链接器通过命令文件(.cmd)来获得上述信息。

1. 缺省的存储器分配

图 5.3 说明了两个文件的链接过程。

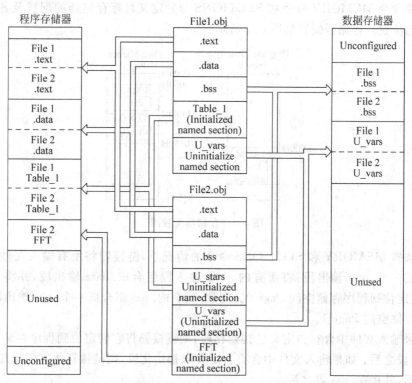

图 5.3 链接器将输入段组合成一个可执行的目标模块

图 5.3 中,file1.obj 和 file2.obj 为已经汇编后的目标文件,用来作为链接器的输入,每个文件中都有默认的.text,.data 和.bss 段,此外还有自定义段,可执行的输出模块将这些段进行了合并。链接器将两个文件的.text 段合并形成一个.text 段,然后合并.data,再合并.bss,最后将自定义段放在结尾。如果链接命令文件中没有MEMORY 和 SECTIONS 命令(缺省情况),则链接器起始在地址 0080H,并将段按上述的顺序一个接着一个进行配置。

2. 将段放入存储器空间

如果有时希望采用其他的结合方法,例如,不希望将所有的.text 段合并到一个.text 段,或者希望将自定义段放在.data 的前面,又或者想将代码与数据分别存放到不同的存储器(RAM,ROM,EPROM 等)中,此时就需要定义一个.cmd 文件,采用MEMORY 和 SECTIONS 命令,告诉链接器如何安排这些段。

5.5.2　链接器命令文件的编写与使用

链接器命令文件.cmd 由三部分组成:输入/输出定义、MEMORY 命令和SECTIONS 命令。输入/输出定义这部分包括输入文件名(目标文件.obj、库文件.lib和交叉索引文件.map)、输出文件.out 和链接器选项。链接器命令文件含有链接时所需要的信息。

链接命令 MEMORY 命令和 SECTIONS 分别定义目标存储器的配置及各段放在存储器的位置。存储器配置如图 5.4 所示。

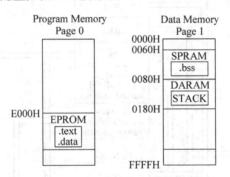

图 5.4　存储器配置图

在缺省 MEMORY 和 SECTIONS 命令的情况下,链接器将所有输入文件的.text段链接成一个.text 输出段;将所有的.data 输入段组合成.data 输出段,并将.text 和.data 段定位到程序存储空间 Page 0。同理,所有的.bss 组合成一个.bss 输出段,定位到数据存储空间 Page 1。

如果输入文件中含有自定义已初始化段,则链接器将它们定位到程序存储空间,紧随.data 段之后;如果输入文件中含有自定义未初始化段,则链接器将它们定位到数据存储空间,并接在.bss 段之后。

注意:

(1) 链接器命令文件都是 ASCII 码文件,文件名区分大小写。

(2) 链接器命令也可以加注释,注释的内容应当用"/ * …… * /"符号括起来。

(3) 在链接器命令文件中,不能采用下列符号作为段名或符号名。

align	DSECT	len	o	run
ALIGN	f	length	org	RUN
attr	fill	LENGTH	origin	SECTIONS
ATTR	FILL	load	ORIGIN	spare
block	group	LOAD	page	type
BLOCK	GROUP	MEMORY	PAGE	TYPE
COPY	I(小写 L)	NOLOAD	range	UNION

5.5.3　程序重定位

汇编器处理每个段都是从地址 0 开始,每段中所有需要重新定位的符号(标号)都是相对于 0 地址而言的。事实上,所有段都不可能从存储器中的 0 地址开始,因此链接器必须通过下列方法对各个段进行重新定位:

(1) 将各个段定位到存储器中,使每个段有合适的起始地址。

(2) 调整符号值,使之对应于新的段地址。

(3) 调整对重新定位后符号的引用。

汇编器对源程序汇编时,汇编后将生成一个列表文件。列表文件中目标代码后面在需要引用重新定位的符号处留了一个重新定位入口,链接器就在符号重定位时,利用这些入口修正对符号的引用值。表示在链接时需要重新定位的符号如下:

!——定义的外部引用。

'——. text 段重新定位。

"——. data 段重新定位。

十——. sect 段重新定位。

一——. bss 和. usect 段重新定位。

在 COFF 目标文件中有一张重定位入口表,链接器在处理完之后就将重定位入口表消去,以防止在重新链接或加载时再次重新定位。

5.6　小结

这一章针对 TMS320C54x DSP 主要讲解了两个内容: 指令系统和汇编程序的编写、处理过程。学习 DSP 的目的是为了使用它,通过这一章的学习,就可以通过编写完整的程序来使用 DSP,并通过上机操作可以查看运行结果。

习题 5

(1) TMS320C54x DSP 有几种指令系统？掌握每种指令系统的功能及学会如何使用。

(2) 编写实现数据存储器 0100H 地址单元的内容与 0200H 地址单元的内容相加的指令序列。

(3) 编写 100H 除以 6H 的指令序列。

(4) 写出把 32 位累加器 A 的低 16 位内容传送到数据存储器 2000H 地址空间，高 16 位传送到数据存储器 2001H 地址空间的指令序列。

(5) 用至少两种方法实现将数据存储器 0100H 地址单元的内容扩大 8 倍的指令序列。

(6) 试述中断调用时堆栈指针的变化情况。

(7) 编写指令序列，实现 X 单元内容与 Y 单元内容相加，结果存入 Z 变量中(X，Y，Z 对应的存储器地址依次为 2000H，2001H，2002H)，已知初始化 SXM＝0。要求：

① X，Y，Z 存取均用直接寻址，设置页指针，指令中用变量名代替物理地址。

② X，Y，Z 存取均用间接寻址，设置间接寻址指针 AR2，并利用"＊，＋"配合实现 X，Y，Z 地址的连续性。

第6章
TMS320C54x DSP的C/C++ 程序设计

6.1 C/C++程序设计基础

DSP 生产厂商及第三方为 DSP 软件开发提供了 C 编译器,使得利用高级语言实现 DSP 程序的开发成为可能。在 TI 公司的 DSP 软件开发平台 CCS 中,又提供了优化的 C 编译器,可以对 C 语言程序进行优化编译,提高程序效率,目前在某些应用中,C 语言优化编译的结果可以达到手工编写的汇编语言效率的 90% 以上。DSP 生产厂商和相关公司也在不断对 C 优化编译器进行改进设计,相信日后 C 语言程序优化编译的效果会有进一步的改善。

6.1.1 面向 DSP 的程序设计原则

面向 DSP 的 C/C++程序设计和通用计算机上的 C/C++ 程序设计从本质上和工作原理上来说都是一致的,都是采用 C/C++编程语言来对处理器进行编程,但受硬件资源限制和处理对象的不同,也有一些区别,比如:DSP 的数据存储区是非常有限的,因此它不会像通用计算机那样,先采集大量的数据,然后集中处理,它只能实时处理小批量数据;DSP 的代码需要绝对定位;计算机的 C 代码有操作系统定位等,因此,在面向 DSP 的 C/C++程序设计中,要注意以下几个原则:

- 灵活使用嵌入式 C 语言中的位操作指令;
- 编译系统不允许有太多的程序嵌套;
- 需要考虑对 DSP 硬件的时序要求;
- 区别不同库函数的使用;
- 不同存储类型变量的使用;
- 尽可能模块化设计。

6.1.2 C/C++语言数据类型

TMS320C54x DSP 支持的数据类型很丰富,包括字符型、短整型、整型、长整型、枚举型、浮点型、双精度浮点型、长双精度浮点型、数据指针及程序指针,其支持的基本数据类型如表 6.1 所示。

表 6.1　TMS320C54x DSP 支持的基本数据类型

类　型	长　度	最　小　值	最　大　值
char signed char	16 位	−32 768	32 767
unsigned char	16 位	0	65 535
short	16 位	−32 768	32 767
unsigned short	16 位	0	65 535
int signed int	16 位	−32 768	32 767
unsigned int	16 位	0	65 535
long signed long	32 位	−2 147 483 648	2 147 483 647
unsigned long	32 位	0	4 294 967 295
enum	16 位	−32 768	32 767
float	32 位	1.192 092 90e−38	3.402 823 5e+38
double	32 位	1.192 092 90e−38	3.402 823 5e+38
long double	32 位	1.192 092 90e−38	3.402 823 5e+38
pointers	16 位	0	0xFFFF

要注意的是由于 TMS320C54x DSP 是 16 位的处理器,字节长度为 16 位,利用 sizeof 函数返回的对象长度是以 16 位为字节长度的字节数。例如 sizeof(int) = 1。

同时可以发现短整型和整型数据类型是一致的,浮点型、双精度浮点型和长双精度浮点型是一致的,这是因为 TMS320C54x DSP 的 C 语言编译器是为了适应不同的编程习惯而定义的,所以在实际使用中可以将常用的数据类型进行适当简化,即将短整型、整型统一为整型(int),将各种浮点类型统一为浮点型(float)。

6.1.3　C/C++语言程序结构

从执行方式上来划分,基本的程序结构可以划分为顺序结构、分支结构、循环结构三种,其中,语句的执行顺序是自上而下,从第一条语句到最后一条语句,依次执行,是顺序结构;若在程序执行过程当中,需要依据一定的条件选择执行路径,而不是严格按照语句出现的物理顺序,这种程序结构是分支结构;如果程序在执行过程中,根据需要重复执行某段算法,这种程序结构叫循环结构。顺序结构、分支结构和循环结构并不是彼此孤立的,在循环中可以有分支、顺序结构,分支中也可以有循环、顺序结构,其实不管哪种结构,均可广义地把它们看成一个语句。在实际编程过程中常将这三种结构相互结合以实现各种算法,设计出相应程序。其基本流程可以参看第 5 章相关章节。

6.1.4　C/C++语言函数

函数的使用对于 C/C++语言的模块化和结构化设计具有举足轻重的作用,一个设计得当的函数可以把程序中不需要知道它们的那些部分隐藏掉,从而使整个程序结构清楚、阅读方便。

从函数定义的角度看,函数可分为用户自定义函数和库函数两种。

1. 用户自定义函数

由用户按需要写的函数。对于用户自定义函数,不仅要在程序中定义函数本身,而且在主调函数模块中还必须对该被调函数进行类型说明,然后才能使用。

函数定义的一般形式如下:

```
类型说明符 函数名(形式参数表)
    {    类型说明
       语句
        }
```

其中类型说明符和函数名称为函数头。类型说明符指明了本函数的类型,函数的类型实际上是函数返回值的类型。函数名是由用户定义的标识符,函数名后有一个空括号,其中可以有参数,也可以无参数,但括号不可少。{}中的内容称为函数体。在函数体中也有类型说明,这是对函数体内部所用到的变量的类型说明。在很多情况下都不要求无参函数有返回值,此时函数类型符可以写为 void。

有参函数比无参函数多了形式参数表,包括形式参数及其类型,在形参表中给出的参数称为形式参数,它们可以是各种类型的变量,各参数之间用逗号间隔。在进行函数调用时,主调函数将赋予这些形式参数实际的值。形参既然是变量,当然必须给出类型说明。

示例如下:

```
void Convolveok(
    double * Input,                    //原始输入数据
    double * Impulse,                  //冲击响应
    double * Output,                   //卷积输出结果
    Word16 length                      //卷积序列长度
)
{
    int i,k,p;
    double r;
    p = 0;
    for (k = 0; k < = length - 1; k + + )
    {
        Output[k] = 0;
        r = 0;
        for (i = 0; i < = p; i + + )
        {
            r = Input[k - i] * Impulse[i];
            Output[k] = Output[k] + r;
        }
        p = p + 1;
```

```
            if (p > length - 1) p = length - 1;
            else p = p;
    }

    p = length - 2;
    for (k = length; k < = length + length - 1; k + + )
    {
        Output[k] = 0;
        r = 0;
        for (i = 0; i < = p; i + + )
        {
            r = Input[length - 1 - i] * Impulse[length - 1 - p + i];
            Output[k] = Output[k] + r;
        }
        p = p - 1;
    }
    return ;
}
```

　　需要注意的是,如果函数和主程序在同一个文件中,则只需要在主程序前部加入该函数的声明即可;如果函数和主程序不在同一个文件中,则需要在主程序文件的头部用"♯include 头文件名"将函数头文件名包括在内。

2. 库函数

　　CCS 提供的库函数包括两类,一类安装在 c:\ti\c5400\cgtools\include 目录中,另一类安装在 c:\ti\c5400\dsplib 目录中,也称做 DSPLIB 通用库。下面一一介绍,在 c:\ti\c5400\cgtools\include 目录中的库文件,共有 38 个文件,其中具有 19 个.h 的文件,具有 19 个.hpp 的文件(注意将没有扩展名的文件加上.hpp 扩展名),这些文件只提供了函数定义,其原型及函数体大部分位于文件 C:\ti\c5400\cgtools\lib\rts.src 中,这些库函数主要做一些基本的、常规的处理,大部分是辅助性的,下面介绍其几个常用的重要的库文件及它们的使用。

　　• 数学函数库:math. h 或 cmath. hpp,cmathf. hpp,cmath1. hpp,如表 6.2 所示。

表 6.2　数学函数库

函 数 原 型	含 　义
double sin(double x)	计算正弦函数
double cos(double x)	计算余弦函数
double tan(double x)	计算正切函数
double sinh(double x)	计算双曲正弦函数
double cosh(double x)	计算双曲余弦函数
double tanh(double x)	计算双曲正切函数
doube asin(double x)	计算反正弦函数
double acos(double x)	计算反余弦函数

续表

函 数 原 型	含　义
double atan(double y,double x)	计算反正切函数
double atan2(double y,double x)	计算 y/x 的反正切函数
double sqrt(double x)	计算平方根
double exp(double x)	计算 e^x
double fabs(double x)	计算绝对值
double log(double x)	计算 $\ln(x)$
double log10(double x)	计算 $\log_{10}(x)$
double ceil(double x)	计算不小于 x 的浮点形式表示的整数
double pow(double x,double y)	计算 x^y
double fmod(double x, double y)	计算 x/y 的余数
double ledxp(double x,int exp)	计算 value $* (2^{exp})$
double floor(double x);	计算一个用浮点数表示的不大于 x 的整数
double modf(double value,double * iptr)	将一个浮点数分成浮点形式表示的整数和小数部分,返回小数部分
double frexp(double value,int * exp)	将 value 分解为一个小数部分和一个 2^{exp} 的乘积的形式,返回小数部分,exp 为传址方式

- 通用函数库：stdlib. h 或 cstdlib. hpp,如表 6.3 所示。

表 6.3　通用函数库

函 数 原 型	含　义
double atof(const char * st)	将字符串转化为浮点数值
int atoi(const char * st)	将字符串转化为整数值
long atol(const char * st)	将字符串转化为长整数值
double strtod (const char * st, char ** endptr)	将一个字符串转换为一个浮点数
long strtol(const char * st,char ** endptr,int base)	将一个字符串转换为一个长整数
unsigned long strtoul (const char * st , char ** endptr,int base)	将一个字符串转换为一个无符号的长整数
int ltoa(long val,char * buffer);	把一个长整数值转变为一个字符串
int abs(int i);	求绝对值
int atexit(void(* func)(void));	在程序终止时调用 func 指向的函数
void abort(void)	终止正在运行的程序
void exit(int status);	终止一个程序
void srand(unsigned seed);	复位随机数发生器
void * bsearch(const void * key,const void * base, size _ t nmemb, size _ t size, int (* compare)(const void * ,vonst void *))	在 nmemb 数组中查找 key 指针指向的元素
void * calloc(size_t num,size_t size);	为 num 个元素分配存储空间,每个元素占 size 个字

续表

函 数 原 型	含 义
void * realloc(void * ptr,size_t size)	改变 allocate 分配的存储空间的大小
void * malloc(size_t,size)	为变量分配 size 个字的存储空间
void free(void * ptr)	释放有 malloc,calloc 和 realloc 分配的存储空间
void minit(void)	释放所有被 malloc,calloc 和 realloc 分配的空间
char * getenv(const char * _string)	返回字符串的环境信息
long labs(long i);	返回长整型数的绝对值

typedef struct
{
long int quot; /＊商＊/
long int rem; /＊余数＊/
}ldiv_t;
ldiv_t div(long numer,long denom);
	长整数除法,返回商和余数

void qsort(void * base,size_t nmemb,size_t size,int(* compare)())	按升序将 nmemb 数组进行排序
int rand (void)	返回一个从 0 到 RAND_MAX 之间的随机数,对于 16 位的 short 型,RAND_MAX＝32 767

typedef struct
{
int quot; /＊商＊/
int rem; /＊余数＊/
}div_t;
div_t div(int numer,int denom);
	整数除法,返回商和余数

• 字符串函数库：string. h 或 cstring. hpp,如表 6.4 所示。

表 6.4　字符串函数库

函 数 原 型	含 义
char * strtok(char * str1,const char * str2)	用字符串常量 str2 中的字母分隔字符串 str1
size_t strxfrm (char * to, const char * from, size_t n)	将 n 个字符由字符串常量 from 传给字符串变量 to
char * strncpy(char * dest, const char * src, size_t n)	拷贝字符串常量 src 中的 n 个字符到字符串变量 dest 中
char * strpbrk(const char * string,const char * chs)	定位到字符串常量 string 中第一个属于字符串常量 chs 中的字符
void * memchr(const void * cs,intc,size_t n)	在一个长度为 n 的字符串 cs 中查找字符 c
int memcmp (const void * cs, const void * ct, size_t n)	比较字符串 cs 和 ct 的前 n 个字符
void * memcpy(void * s1,const void * s2,size_t n)	从字符串 s1 中拷贝 n 个字符到字符串 s2 中
void * memmove (void * s1, const void * s2, size_t n)	从字符串 s1 中转移 n 个字符到字符串 s2 中

续表

函 数 原 型	含　义
void * memset(void * mem,int ch,size_t n)	将 ch 的值填充到 mem 指针指向的第一个字符串的前 n 个字符
char * strcpy(char * dest,const char * src)	将字符串 src 拷贝到字符串变量 dest 中
size_t strcspn(const char * string,const char * chs)	返回所有不在字符串 chs 中但在字符串 string 中的字符所占的长度
int strcmp(const char * s1,const char * s2)	比较字符串 s1 和字符串 s2,若 s1＜s2,返回负数,若 s1＝＝s2,返回 0 值,若 s1＞s2,返回正数
int strcoll(const char * s1,const char * s2)	比较字符串 s1 和字符串 s2,若 s1＜s2,返回负数,若 s1＝＝s2,返回 0 值,若 s1＞s2,返回正数
size_t strlen(const char * string)	返回字符串的长度
char * strncat(char * dest,const char * src,size_t n)	从字符 src 中向字符串变量中加入 n 个字符
char * strerror(int errno)	按错误号返回出错信息
char * strcat(char * string1,const char * string2)	连接 s2 字符串到 s1 字符串的尾部
char * strrchr(const char * string,int c)	查找字符串常量中最后出现的字符
size_t strspn(const char * string,const char * chs)	返回字符串 string 中由字符串常量 chs 中的字符组成的部分的长度
char * strchr(const char * string,int c)	查找字符串 string 中位置为 c 的字符
int strncmp(const char * string1,const char * string2,size_t n)	比较两个字符串常量中的前 n 个字符
char * strstr(const char * string1,const char * string2)	发现字符串 string1 中出现字符串 string2 的位置

示例如下:

```
# include < math. h >              ;注意此处和 # include "math.h"的区别
   void mail( )
   {
float x,y;
        x = 3.0;
        y = log10(x);
}
```

　　另外一种是 DSPLIB 通用库,是专门为 TMS320C54x DSP 芯片使用的 C 语言优化程序函数库。它包含了 50 多种函数——数字信号处理程序,全部由汇编语言编写,并可由 C 语言调用,方便 C 语言与汇编语言混合编程。这些程序用在计算强度大、执行速度重要的实时运算中。通过使用这些程序,可以取得比用 C 语言编写的相关程序快得多的运行速度,另外通过使用现成的程序可以大大加快开发速度。

　　DSPLIB 函数库中,C 语言可调用的函数都保存在 C:\ti\c5400\dsplib\54x_src 子目录下,头文件 dsplib. h 保存在 C:\ti\c5400\dsplib\include 子目录下。在 C:\ti\

c5400\dsplib\example 文件夹下给出了所有这些函数的 C/C++测试程序。

　　DSPLIB 可进行的运算有：FFT 运算、滤波与卷积运算、自适应滤波运算、相关运算、数学函数运算、三角函数运算、矩阵运算等。

　　示例如下：

```
// ***********************************
//  Filename:      sine_t.c
//  Version:       0.01
//  Description: test for dlms routine
// ***********************************
# include < math. h >
# include < dsplib. h >
# include < tms320. h >//在 dsplib. h,tms320. h 头文件中定义了许多运算中要用到的变量、函
数,应用程序主函数必须用 # include 语句包含此头文件。
# include "test. h"
short i;
short eflag = PASS;
void main(void)
{
    / * clear * /
    for ( i = 0; i < NX; i + + ) r[i] = 0;          //clear output buffer (optional)

    / * compute * /
    sine(x, r, NX);

    / * test * /
    eflag = test(r, rtest, NX, MAXERROR);  // for r

    if (eflag ! = PASS)
    {
        exit( - 1);
    }

    return;
}
```

　　该程序是 CCS 2. 2 版本中 C:\ti\c5400\dsplib\examples\sine 目录下的测试程序，其在 CCS 中的界面如图 6. 1 所示。

　　该程序尽管比较简单，但有几点需要注意：rts. lib 是 TI 提供的运行时支持库，如果是 C 代码写的源程序，必须在工程中添加该库文件；要想使程序正常运行，一些配置工作需要完成：打开工程的 Bulid Options 选项中两个地方进行设置。当编译时打不开或找不到 dsplib. h,tms320. h 文件，此时可以在 compiler 标签下选中 preprocessor 选项，在 Include Search Path 栏中填入 dsplib. h,tms320. h 所在子目录(本例为：c:\ti\c5400\dsplib\include)；当连接时找不到库函数相应的汇编程序，编译错误提示有些函数为未定义变量，此时可在 linker 标签下选中 basic 选项，在 Library Search Path 栏中

填入 54xdsp. lib,rts. lib 库文件所在路径(本例为：c:\ti\c5400\dsplib；c:\ti\c5400\ cgtools\lib,注意用英文分号隔开)；在 Include Library 栏填入两库文件(本例为：54xdsp. lib;rts. lib),至此程序可以正常编译。

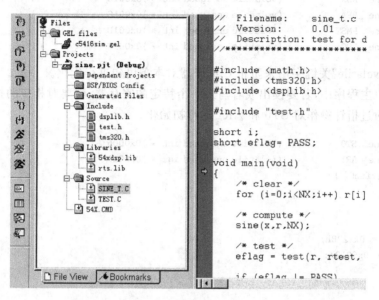

图 6.1　sine 程序界面图

6.1.5　C/C++的 DSP 访问规则

1. DSP 片内寄存器的访问规则

在 C 语言中对 DSP 片内寄存器一般采用指针方式来访问,常常采用的方法是将 DSP 寄存器地址的列表定义在头文件中(如 reg. h),如下所示:

```
#define   IMR        (volatile unsigned int *)0x0000
#define   IFR        (volatile unsigned int *)0x0001
#define   ST0        (volatile unsigned int *)0x0006
#define   ST1        (volatile unsigned int *)0x0007
#define   AL         (volatile unsigned int *)0x0008
#define   AH         (volatile unsigned int *)0x0009
#define   AG         (volatile unsigned int *)0x000A
#define   BL         (volatile unsigned int *)0x000B
#define   BH         (volatile unsigned int *)0x000C
#define   BG         (volatile unsigned int *)0x000D
#define   T          (volatile unsigned int *)0x000E
#define   TRN        (volatile unsigned int *)0x000F
#define   AR0        (volatile unsigned int *)0x0010
#define   AR1        (volatile unsigned int *)0x0011
#define   AR2        (volatile unsigned int *)0x0012
```

```
#define    SP          (volatile unsigned int * )0x0018
#define    BK          (volatile unsigned int * )0x0019
#define    BRC         (volatile unsigned int * )0x001A
#define    RSA         (volatile unsigned int * )0x001B
#define    REA         (volatile unsigned int * )0x001C
#define    PMST        (volatile unsigned int * )0x001D
#define    XPC         (volatile unsigned int * )0x001E
```

其中"volatile"关键字用来防止 C 编译器对本条语句进行优化。

在用户主程序中,若要读出或者写入一个特定的寄存器,就要对相应的指针进行操作。下例通过指针操作对 ST0 和 AR1 进行初始化,

```
#define    ST0         (volatile unsigned int * )0x0006
#define    AR1         (volatile unsigned int * )0x0011
int userfunC( )
{
…

* ST0 = 0x1278h;
* AR1 = 0x6013h;
…
}
```

2. DSP 内部和外部存储器的访问规则

存储器包括内部存储器和外部存储器,对它的访问也采用指针方式来进行。下例通过指针操作对内部存储器单元 0x4000 和外部存储器单元 0x80FF 进行操作。

```
int * data1 = 0x4000;   /*内部存储器单元*/
int * data2 = 0x80FF;   /*外部存储器单元*/
int userfunc( )
{
…
* data1 = 7000;
* data2 = 0;
…
}
```

3. DSP I/O 端口的访问规则

在 C 语言中访问 DSP 的 I/O 空间借助于关键字 ioport 来进行,注意,此关键字只为 TMS320C54xx DSP 的编译器所识别和使用。

定义的形式为

ioport　type　**port**hex_num

其中的 import 和 port 均为关键字,port 表示 IO 地址,hex_num 是十六进制地址,type 是 I/O 数据类型,在 TMS320C54xx DSP 中,I/O 空间共有 64K 字,所以数据类型只能

是 char，short，int 等 16 位的类型。

下例声明了一个 io 变量，地址为 300H，并对 I/O 端口做读/写操作。

```
ioport unsigned port300;        /* 定义地址为 300H 的 I/O 端口变量 */
int userfunc( )
{
...
port300 = 20;                  //写 I/O 端口，port300 作为一个变量使用
...
b = port300;                   //读 I/O 端口，port300 作为一个变量使用
...
}
```

6.2　程序设计示例

6.2.1　电路设计与功能

开发平台采用的是北京瑞泰创新科技有限责任公司的 ICETEK-VC5416 A-S60，主处理器采用的是 TMS320VC5416 DSP，主频可达到 160MHz；内部存储空间为 128K×16b；扩展的 6 路 12b A/D 接口 ADS7864，最大采样速率 500kHz；8Mb 扩展 Flash；设计有用户可以自定义的开关和测试指示灯，其实验箱整体外观如图 6.2 所示。

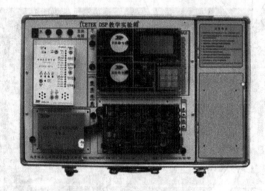

图 6.2　实验箱整体外观

该实验箱的核心是 ICETEK-VC5416-A 评估板，具有 4 组标准扩展连接器，为用户进行二次开发提供了良好条件，其原理框图如图 6.3 所示。

该评估板的接口说明实物图如图 6.4 所示。

本示例比较简单，主要是为了对 C/C++ 语言编程有一个初步的认识，在此给出一个 DSP 实现外部控制功能的例子，使读者熟悉使用 TMS320VC5416 DSP 的通用输入/输出管脚直接控制外围设备的方法，同时也了解发光二极管的控制编程方法。

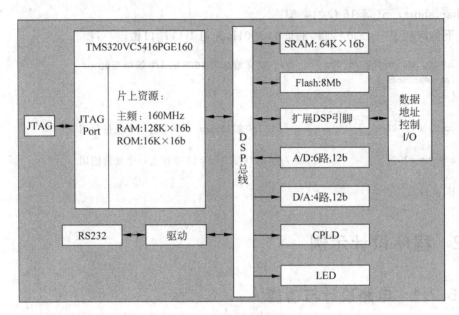

图 6.3　评估板原理框图

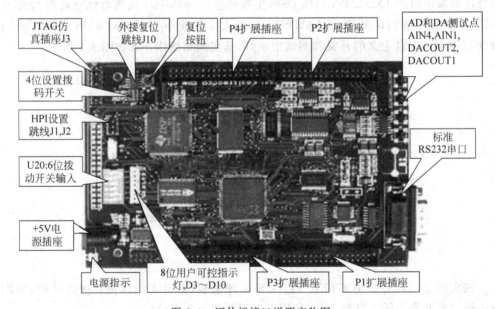

图 6.4　评估板接口说明实物图

　　TMS320VC5416 DSP 除了 64K 字的 I/O 存储空间外,还有 2 个受软件控制的专用引脚 BIO 和 XF。同时 TMS320VC5416 DSP 还有一些管脚也可以设置成通用输入/输出功能。这些管脚是:18 个 McBSP 引脚,8 个 HPI 数据引脚。这些引脚的使用可以通过专用寄存器的设置完成。

其连接电路如图 6.5 所示。

图 6.5 中的 GPIO1 在实际系统中就是 BFSX0 管脚,如果要点亮发光二极管,需要在 GPIO 上输出低电平,如果输出高电平则指示灯熄灭。如果定时使 GPIO1 上的输出改变,指示灯将会闪烁。在该实验箱的通用输出/控制模块 ICETEK-CTR 板上只有一个指示灯可单独受 DSP 的 GPIO 控制,它是交通灯模块"北"侧的红色指示灯。

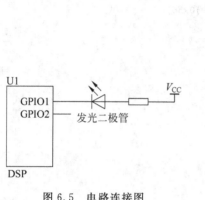

图 6.5　电路连接图

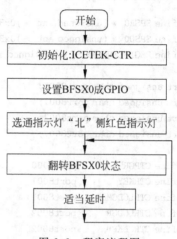

图 6.6　程序流程图

6.2.2　代码分析

程序的流程图如图 6.6 所示。

其主要代码分析如下:

```
SPSA0 = 1;                  // 设置 McBSP0 的 SPCR2 控制寄存器
uWork = SPSD0;
uWork& = 0xfffe;            // 标志 XRST = 0
SPSD0 = uWork;
SPSA0 = 0x0e;               // 设置 McBSP0 的 PCR1 寄存器
uWork = SPSD0;
uWork| = 0x2800;            // 设置: XIOEN = 1 FSXM = 1,使能通用 I/O 功能,FSX 用于输出
SPSD0 = uWork;
while ( 1 )
{
    SPSA0 = 0x0e;           // 设置 McBSP0 的 PCR1 寄存器
    uWork = SPSD0;
    uWork| = 0x2800;
    uWork ^ = 0x8;          // FSXP = ～FSXP,BFSX0 引脚状态取反
    SPSD0 - uWork;
    Delay(4096);
}
```

6.2.3 程序源代码

由于该示例比较简单,整个工程只包含有两个文件,一个为 GPIO. c 文件,该文件实现了整个功能要求,另一个为 GPIO. cmd,该文件实现实验箱存储器内存空间分配。

GPIO. c 源代码如下:

```
#define SPSA0  * (unsigned int * )0x38
#define SPSD0  * (unsigned int * )0x39
#define REGISTERCLKMD ( * (unsigned int * )0x58)

ioport unsigned char port8000;
ioport unsigned char port8001;
ioport unsigned char port8002;
ioport unsigned char port8007;

#define CTRGR        port8000
#define CTRKEY       port8001
#define CTRLCDCMDR   port8001
#define CTRLCDCR     port8002
#define CTRCLKEY     port8002
#define CTRLR        port8007

void Delay(unsigned int nTime);

main()
{
    unsigned int uWork;

    REGISTERCLKMD = 0;
    CTRGR = 0;
    CTRGR = 0x80;
    CTRGR = 2;
    CTRLR = 0;
    CTRLR = 0x40;
    uWork = CTRCLKEY;
    SPSA0 = 1;
    uWork = SPSD0;
    uWork& = 0xfffe;
    SPSD0 = uWork;
    SPSA0 = 0x0e;
    uWork = SPSD0;
    uWork| = 0x2800;
    SPSD0 = uWork;
    while ( 1 )
    {
        SPSA0 = 0x0e;
        uWork = SPSD0;
```

```
        uWork| = 0x2800;
        uWork ^ = 0x8;
        SPSD0 = uWork;
        Delay(4096);
    }
}

void Delay(unsigned int nDelay)
{
    int i,j,k = 0;
    for ( i = 0;i < nDelay;i ++ )
        for ( j = 0;j < 64;j ++ )
            k ++ ;
}
```

GPIO. cmd 源代码如下：

```
- w
- stack 400h
- heap 100
- l rts. lib
MEMORY
{
    PAGE 0:
        VECT : o = 80h, l = 80h
        PRAM : o = 100h, l = 1f00h
    PAGE 1:
        DRAM : o = 2000h, l = 1000h
}
SECTIONS
{
    .text    : {}> PRAM PAGE 0
    .data    : {}> PRAM PAGE 0
    .cinit   : {}> PRAM PAGE 0
    .switch  : {}> PRAM PAGE 0
    .const   : {}> DRAM PAGE 1
    .bss     : {}> DRAM PAGE 1
    .stack   : {}> DRAM PAGE 1
    .vectors : {}> VECT PAGE 0
}
```

　　通过设置 CCS 在硬仿真（Emulator）方式下运行，编译、下载和运行程序后，可以观察到位于"交通灯"模块的"北"侧红色发光二极管定时闪烁。

6.3　C 语言和汇编语言混合编程

　　由于 C 语言在实时性要求较高或硬件直接控制方面优势不如汇编语言，因此混合编程法成为开发 TMS320C54x DSP 应用程序的常用方法。其基本形式有如下三种：

- 连接独立的 C 语言模块和汇编语言模块；
- 在 C 语言中嵌入汇编语句；
- 手工修改 C 程序编译后的汇编程序；这种方法对程序员水平要求较高,通常不建议采用。

6.3.1　独立的 C 模块和汇编模块接口

此方法是分别独立编写汇编程序和 C 程序,编译或汇编得到各自的目标代码模块,用链接器将 C 模块和汇编模块链接起来,这是最常用的混合编程方法。通过这种方法,C 程序可以调用汇编程序,并且可以访问汇编程序中定义的变量。同样,汇编程序也可以调用 C 程序或访问 C 程序中定义的变量。但用户必须自己维护各汇编模块的入口和出口代码,自己计算传递的参数在堆栈中的偏移量,工作量稍大,但能做到对程序的绝对控制。

在编写 C 程序和汇编程序时,必须遵循有关的调用规则和寄存器规则。其相关规则如下。

1. 寄存器规则

在 C 环境下严格约定了寄存器规则。它明确了编译器如何使用寄存器以及交叉调用时如何保护寄存器。调用函数时,被调用函数负责保护某些寄存器,这些寄存器不必由调用者来保护。如果调用者需要使用没有保护的寄存器,则调用者在调用函数前必须对其予以保护。这些规则对于编写汇编语言和 C 语言的接口非常重要。如果编写的汇编程序不符合寄存器的使用规则,则 C 运行环境将会被破坏。

辅助寄存器:AR1,AR6,AR7 由被调用函数保护,即可以在函数执行过程中修改,但在函数返回时必须将其恢复。在 TMS320C54x DSP 中,编译器将 AR1 和 AR6 用作寄存器变量。其中,AR1 被用作第一个寄存器变量,AR6 被用作第二个寄存器变量,其顺序不能改变。AR0,AR2,AR3,AR4,AR5 可以自由使用,即在函数执行过程中可以修改,而且不必恢复。

栈指针 SP:堆栈指针 SP 在函数调用时必须予以保护,但对 SP 是自动保护的,即在返回时,压入堆栈的内容都将被全部弹出。

ARP 在函数进入和返回时,必须为 0,即当前辅助寄存器为 AR0。函数执行时可以是其他值。

在缺省的情况下,编译器总是认为 OVM 为 0。因此,若在汇编程序中将 OVM 置为 1,则在返回 C 运行环境时,必须将其恢复为 0。

其他状态位和寄存器在子程序中可以任意使用,不必将其恢复。

2. 函数调用规则

C 编译器定义了一组严格的函数调用规则。除了特殊的运行支持函数外,任何调用 C 函数或者被 C 函数调用的函数都必须遵循这些规则,否则就会破坏 C 运行环境,造成不可预测的结果。

参数传递：一般来说，C语言是利用堆栈将参数传递给被调用的子函数(即子程序)的，但对于TMS320C54x DSP有些特殊，它不仅利用堆栈，而且还利用累加器A进行参数传递。传递的规则为：函数调用前，第一个参数传递给累加器A，其余参数以逆序压入堆栈，即最右边的参数最先入栈，然后自右向左将参数依次入栈。在函数调用时，若参数是长整型和浮点数时，则低位字先压栈，高位字后压栈。若参数中有结构体，则调用函数需要给结构体分配空间，其地址通过累加器A传递给被调用函数。在C程序中调用汇编子程序时堆栈的使用情况如图6.7所示。

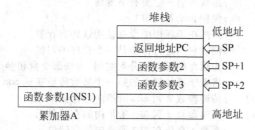

图 6.7　函数调用时堆栈的使用

局部帧的产生：函数调用时，编译器在运行堆栈中建立一个帧以存储信息。当前函数帧成为局部帧。C运行环境利用局部帧来保护调用者的有关信息、传递参数和为局部变量分配存储空间。每调用一个函数，就建立一个新的局部帧。

函数返回：如果被调用函数修改了寄存器AR1，AR6和AR7，则必须予以恢复。函数的返回值保存在累加器A中。整数和指针在累加器A的低16位中返回，浮点数和长整型数在累加器A的32位中返回。如果函数返回一个结构体，则被调用函数将结构体的内容拷贝到累加器A所指向的存储器空间。如果函数没有返回值，则将累加器A置0，撤销为局部帧开辟的存储空间。ARP在从函数返回时，必须为0，即当前辅助寄存器为AR0。参数不是由被调用函数弹出堆栈，而是由调用函数弹出。因此，调用函数可以传递任意数目的参数至函数，同时，函数不必知道有多少个传递参数。

在C模块中调用汇编函数示例如下。

C程序：

```
extern int asmfunc();                 / * 声明外部的汇编子程序 * /
                                      / * 注意函数名前不要加下划线 * /
extern int gvar;                      / * 定义全局变量 * /
int a[4] = {0x1,0x2,0x3,0x4};         / * 定义一个C程序全局变量 * /
main()
{
int opt1 = 1024;
int opt2 = 2048;
int opt3 = 3096;
gvar = asmfunc(opt1,opt2,opt3);       / * 进行函数调用 * /
   }
```

汇编程序：

```
.mmregs
    FP .set AR7
.global _gvar
.global _a
.global _asmfunc
.bss pos,1                                    ;定义局部变量 pos,变量名前不必加下划线
.text
...
_asmfunc:               ;函数名前一定要有下划线
PSHM AR6                ;保护 AR6,AR7,AR1
PSHM AR7                ;虽然在子程序中没有使用这些寄存器
PSHM AR1                ;但对它们进行保护是一个良好的习惯
FRAME # - 16            ;为建立的局部帧分配空间,为局部变量和参数块分配存储空间
STL A, * (pos)          ;将置于累加器 A 的第一个参数传给变量 pos
MVDK * SP(1),* (AR3)    ;传递参数 2 到 AR3 所指向的存储单元
MVDK * SP(2),* (AR4)    ;传递参数 3 到 AR4 所指向的存储单元
STM # _a,AR2            ;系数 a 存放在 AR2 所指向的存储单元
                        ;上述所需参数和系数全部传递完成,即可根据需要进行相关运算
...
STL A, * (_gvar)        ;将存储在 A 中处理后的结果保存到 gvar
FRAME #16               ;释放局部帧空间
POPM AR1                ;恢复寄存器 AR1
POPM AR7                ;恢复寄存器 AR7
POPM AR6                ;恢复寄存器 AR6
RET                     ;子程序返回
```

6.3.2 从 C 程序中访问汇编程序变量

从 C 程序中访问汇编程序中定义的变量或常数时,根据变量和常数定义的位置和方法不同,可分为三种情况。

(1) 访问在 .bss 段中定义的变量,实现方法如下。

① 采用 .bss 命令定义变量；

② 用 .global 将变量说明为外部变量；

③ 在汇编变量名前加下划线"_"；

④ 在 C 程序中将变量说明为外部变量,然后就可以像访问普通变量一样访问它。

汇编程序：// 注意变量名前都有下划线。

```
.bss     _b,1                      ;定义变量
.global  _var                      ;声明为外部变量
```

C 程序：

```
    external    int b;              / * 外部变量 * /
b = 1
```

若在要汇编中访问 C 程序变量或函数,也可以采用同样的方法,示例如下:

C 程序:

```
global int b ;                        /*定义全局变量*/
b = 20;
```

汇编语言程序:

```
.ref _b                               ;说明为外部变量
stl   _b,A
```

(2) 访问在汇编程序中用块定义的常数表(如用于 FIR、IIR 滤波器等的系数表)。访问时首先在汇编程序中说明一个指向该表起始的全局符号,然后用 .sect 定义一个块。在 C 程序中则定义一个指向该系数表的指针。同时在 C 程序中用 extern 予以声明。示例如下。

汇编程序:

```
.globa    _coeff
.sect "coeff_table"
_coeff:
  .int  011h
.int   022h
.int   033h
.int   044h
```

C 程序:

```
extern int coeff[];                /*外部数组*/

main()
{
int * tablepointer ;               /*指针变量*/
int r;
  tablepointer = coeff;
r = tablepointer[2];               /*指向第3个元素,地址对应的就是表的第3个数*/
}
```

(3) 访问 .set 和 .global 定义的全局常量。由于符号表包含的是常数值,而编译器并不能区分哪些符号表包含的是变量的地址,哪些是变量的值。因此在 C 程序中访问时需要在常数名前加地址操作符 &,这样才能得到常数值。示例如下。

汇编程序:

```
_size   .set 100
      .global size
```

C 程序:

```
extern int size;
```

```
#define  size[(int)(&size)]
```

6.3.3 在 C 程序中直接嵌入汇编语句

在 C 程序中直接嵌入汇编语句,是一种很方便的方法。对于像 DSP 应用程序中遇到的系统初始化,如中断的使能和禁止,定时器的控制和赋值,读取状态寄存器和各标志寄存器等直接和硬件打交道的操作非常方便,但需注意的是,不能破坏 C 语言的运行环境。格式如下。

```
asm(" 汇编语句 ");
asm(" ssbx intm ");                          /* 打开数据口 */
asm(" rsbx  xf ");
```

注意:括号中的汇编语句必须以标号、空格、Tab、分号开头,这和通常的汇编编程的语法一样。不要破坏 C 运行环境,因为 C 编译器并不检查和分析嵌入的汇编语句。插入跳转语句和标号会产生不可预测的结果。在汇编语句中不要改变 C 程序中变量的值,也不要在汇编语句中加入汇编器选项而改变汇编环境。

其在中断服务程序中的应用例子如下,例子中以定时器 0 中断为例。

(1) 对中断进行初始化,在 C 语言程序中对中断进行初始化的程序片段如下:

```
asm(" ssbx intm ") ;           /* 开放所有可屏蔽中断,此处就可以利用直接嵌入的方式 */
IMR = 0x0008;                  /* 开放定时器 0 中断 */
IFR = 0xffff;                  /* 清除所有尚未处理完的中断 */
```

(2) 编写中断服务程序。两种方式可以用来定义中断函数。

- interrupt void userfunction(void)

  {……}

  这种方式下 C 编译器自动保护各寄存器的值,中断响应后自动恢复。userfunction 定时器 0 的中断服务函数名,可由用户任意更改,但要与第三步中名字相对应。

- void c_intxx(void)

  其中,xx 代表 00~99 之间的两位数,如 c_int01 就是一个有效的中断函数名。

(3) 建立中断矢量表。为了能够让相应的中断信号调用不同的中断函数,还需要在中断向量文件(vector.asm)中定义中断向量表。如下例所示:

```
        .ref _c_int00
        .ref _ userfunction
        .sect "vectors"
RS:     BD   _c_int00
        NOP
        NOP
...
TINT0: BD   _ userfunction             ;定时器 0 中断
```

```
        NOP
        NOP
        .end
```

6.4 小结

该章介绍了利用 C 语言来开发 TMS320C54x DSP 应用程序中的基本知识,给出了 C/C++语言设计的基本数据类型,以及和汇编语言的混合编程,并给出了一个程序设计的范例。

习题 6

(1) C/C++语言函数可以分为哪两类?

(2) 编写中断服务程序的两种形式是什么?

(3) 混合编程通常都用在哪些场合?

第7章 TMS320C54x DSP芯片最小硬件系统设计

一个 TMS320C54x DSP 的最小硬件系统可以满足系统的最低要求,完成开发者的简单功能,本章讲述最小硬件系统的主要设计过程,包括 DSP 系统的基本硬件设计,存储器和 Flash 的接口操作等,让开发者可以在最短时间内设计出一个简单的小系统。

7.1 TMS320C54x DSP 系统的基本硬件设计

TMS320C54x DSP 系统的基本硬件设计包括复位电路、时钟电路、电源电路等,下面对其一一进行介绍。

7.1.1 复位电路

大部分系统都需要一个复位电路,以便在需要时可以重新启动,对 TMS320C54x DSP 来说,/RS 为它的复位输入引脚,可在任何时候对 TMS320C54x 进行复位。当系统上电后,/RS 引脚应至少保持 5 个时钟周期稳定的低电平,以确保数据、地址和控制线的正确配置。

TMS320C54x DSP 的复位分为软件复位和硬件复位,软件复位是通过执行指令实现芯片的复位,硬件复位是通过硬件电路实现芯片的复位,硬件复位有上电复位、手动复位和自动复位三种。

1. 上电复位

上电复位电路是利用 RC 电路的延迟特性来产生复位所需要的低电平时间。由 RC 电路和施密特触发器组成,如图 7.1 所示。

复位时间可根据充电时间来计算。

电容电压 $V_C = V_{CC}(1 - e^{-t/\tau})$,

时间常数: $\tau = RC$,

复位时间: $t = -RC\ln\left[1 - \dfrac{V_C}{V_{CC}}\right]$

设 $V_c = 1.5\text{V}$ 为阈值电压,选择 $R = 100\text{k}\Omega$,$C = 4.7\mu\text{F}$,电源电压 $V_{cc} = 5\text{V}$,可得复位时间 $t = 167\text{ms}$,满足系统的晶体振荡器一般需要 $100\sim200\text{ms}$ 的稳定期。

此种复位特点是简单方便,存在的不足是有时不能可靠复位。

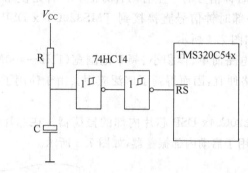

图 7.1 上电复位电路

2. 手动复位

手动复位电路是通过上电或按钮两种方式对芯片进行复位,如图 7.2 所示。当按钮闭合时,电容 C 通过按钮和 R_1 进行放电,使电容 C 上的电压降为 0;当按钮断开时,电容 C 的充电过程与上电复位相同,从而实现手动复位。

3. 自动复位电路

自动复位电路除了具有上电复位功能外,还具有监视系统运行并在系统发生故障或死机时再次进行复位的能力。

原理:通过电路提供一个用于监视系统运行的监视线,当系统运行正常时应在规定的时间内给监视线提供一个高低电平变化的信号,如果在规定时间内信号不变化,自动复位电路就认为系统运行不正常并对其进行复位。图 7.3 就是采用 MAX706T 实现的自动复位电路。

/MR:人工复位　　　　　　　　/RESET:低电平复位输出
WDI: 看门狗输入　　　　　　　/WDO:看门狗输出

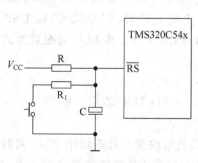

图 7.2 手动复位电路

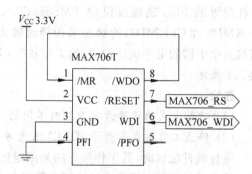

图 7.3 自动复位电路

7.1.2 时钟电路

TMS320C54x DSP 时钟信号的产生有两种方法。一种是使用外部时钟源,采用封装好的晶体振荡器,将外部时钟信号直接接到 TMS320C54x DSP 芯片的 X2/CLKIN 引脚,而 X1 引脚悬空,如图 7.4 所示。

这种电路的特点是电路简单、体积小、频率范围宽(1Hz~400MHz)、驱动能力强,可为多个器件使用。价格便宜,因而得到了广泛应用。由于使用了电源,也有人称其为有源晶振电路。

另一种是利用 TMS320C54x DSP 芯片内部的振荡器。在芯片的 X1 和 X2/CLKIN 引脚之间接入一个晶体,用于启动内部振荡器,如图 7.5 所示。

图 7.4　晶体振荡电路　　　　　图 7.5　内部振荡电路

这种电路结构价格便宜、体积小、能满足时钟信号电平要求,但驱动能力差,不可供多个器件使用,频率范围小(20kHz~60MHz),由于其不需要使用外部电源,也叫无源晶振电路。

锁相环 PLL(Phase-Locked Loops)具有频率放大和时钟信号提纯的作用,利用 PLL 的锁定特性可以对时钟频率进行锁定,为芯片提供高稳定频率的时钟信号。

目前 DSP 上集成的片上锁相环,主要作用则是通过软件实时地配置片上外设时钟,提高系统的灵活性和可靠性。此外,由于采用软件可编程锁相环,所设计的系统处理器外部时钟允许有较低的工作频率,而片内经过锁相环微处理器可以提供较高的系统时钟。这种设计可以有效地降低系统对外部时钟的依赖和电磁干扰,提高系统启动和运行的可靠性,降低系统对硬件的设计要求。

TMS320C54x DSP 的锁相环有两种形式:硬件配置的 PLL 和软件可编程 PLL。硬件配置的 PLL 是通过设定 TMS320C54x DSP 的 3 个时钟模式引脚(CLKMD1,CLKMD2 和 CLKMD3)的状态来选择时钟方式。上电复位时,TMS320C54x DSP 根据这三个引脚的电平决定 PLL 的工作状态,并启动 PLL 工作。其 PLL 的配置方式如表 7.1 所示。

注意:

(1) 时钟方式的选择方案是针对不同的 TMS320C54x DSP 芯片而言。

(2) 停止工作方式等效于 IDLE3 省电方式。

进行硬件配置时,其工作频率的是固定的,不能灵活改变。若不使用 PLL,则对内部或外部时钟分频,CPU 的时钟频率等于内部振荡器频率或外部时钟频率的一半;若

表 7.1　硬件 PLL 的配置方式

引脚状态			时钟方式	
CLKMD1	CLKMD2	CLKMD3	方　案　一	方　案　二
0	0	0	0	0
1	1	1	1	1
1	0	1	0	1
0	1	0	1	0
0	0	0	0	0
1	1	1	1	1
1	0	1	0	1
0	1	0	1	0

使用 PLL,则对内部或外部时钟倍频,CPU 的时钟频率等于内部振荡器或外部时钟源频率乘以系数 N,即:时钟频率 ＝ (PLL×N)。

软件配置的 PLL 具有高度的灵活性。通过软件编程,可以使软件 PLL 实现两种工作方式:

- PLL 方式,即倍频方式。

  芯片的工作频率＝输入时钟 CLKIN × PLL 的乘系数(N)。共有 31 个乘系数,取值范围为 0.25～15。这是靠 PLL 电路来完成的。

- DIV 方式,即分频方式。

  对输入时钟 CLKIN 进行 2 分频或 4 分频。当采用 DIV 方式时,所有的模拟电路,包括 PLL 电路都关断,以使功耗最小。

上述两种工作方式通过读/写时钟方式寄存器(CLKMD)(地址:0058H)来完成。CLKMD 寄存器的比特分配如图 7.6 所示。

位	15～12	11	10～3	2	1	0
位定义	PLLMUL	PLLDIV	PLLCOUNT	PLLON/OFF	PLLNDIV	PLLSTATUS
位操作	R/W	R/W	R/W	R/W	R/W	R

图 7.6　CLKMD 的比特分配

- PLLMUL:为 PLL 的倍频乘数,读/写位。与 PLLDIV 和 PLLNDIV 一起决定 PLL 的频率。
- PLLDIV:为 PLL 的分频除数,读/写位。与 PLLMUL 和 PLLNDIV 一起决定 PLL 的频率。
- PLLCOUNT:PLL 的减法计数器,读/写位。用来对 PLL 开始工作到锁定时钟信号之前的一段时间进行计数定时,以输入时钟的周期数(每 16 个周期计一次),因此,每输入 16 时钟周期 PLL 计数器减 1,以保证频率转换的可靠性。

在对 CLKMD 中的 PLLCOUNT 设初值时,要求值的范围为 $0\sim255$,PLLCOUNT 十进制初值计算公式为

$$PLLCOUNT > \frac{LockupTime}{16 \times T_{CLKIN}}$$

其中 T_{CLKIN} 是输入时钟的周期,锁定时间(LockupTime)是锁相环电路所要求的锁相时间,一般应大于 $50\mu s$。

例:当外部参考时钟为 10MHz 时,周期为 100ns;这时 PLLCOUNT 的设置值应大于 32。

PLLON/OFF:PLL 的通/断位,读/写位。与 PLLNDIV 一起决定 PLL 是否工作。表 7.2 为其工作模式。

表 7.2 PLLON/OFF 与 PLLNDIV 工作模式

PLLON/OFF	PLLNDIV	PLL 状态
0	0	断开
0	1	工作
1	0	工作
1	1	工作

- PLLNDIV:时钟发生器选择位,读/写位。用来决定时钟发生器的工作方式。当 PLLNDIV=0 时,采用分频 DIV 方式;当 PLLNDIV=1 时,采用倍频 PLL 方式。与 PLLMUL 和 PLLDIV 位同时定义频率的乘数。
- PLLSTATUS:当 PLLSTATUS=0 时,时钟发生器工作于分频 DIV 方式;当 PLLSTATUS=1 时,时钟发生器工作于倍频 PLL 方式。

软件 PLL 的乘系数可通过 PLLNDIV,PLLDIV 和 PLLMUL 的不同组合确定。列表如表 7.3 所示。

表 7.3 PLL 的系数组合

PLLNDIV	PLLDIV	PLLMUL	PLL 乘系数
0	X	$0\sim14$	0.5
0	X	15	0.25
1	0	$0\sim14$	PLLMUL+1
1	0	15	1
1	1	0 或偶数	(PLLMUL+1)÷2
1	1	奇数	PLLMUL÷4

复位操作之后,时钟操作模式立即由 3 个外部引脚 CLKMD1,CLKMD2, CLKMD3 的值来确定。3 个 CLKMD 引脚所对应的模式如表 7.4 所示,通常 DSP 的程序需要从外部低速 EPROM 中调入,可以采用较低工作频率的 DSP 复位时钟模式,待程序全部调入到内部快速 RAM 后,再用软件重新配置 CLKMD 的值,使芯片工作在较高的频率上。所以可以采用锁相环电路对输入时钟信号进行分频或倍频。

表 7.4　复位时时钟模式的设置

CLKMD1	CLKMD2	CLKMD3	CLKMD 的复位值	时钟方式
0	0	0	E007H	PLL×15
0	0	1	9007H	PLL×10
0	1	0	4007H	PLL×5
1	0	0	1007H	PLL×2
1	1	0	F007H	PLL×1
1	1	1	0000H	2 分频(PLL 无效)
1	0	1	F000H	4 分频(PLL 无效)
0	1	1	—	保留

例如,外部时钟频率为 10MHz,CLKMD1～CLKMD3＝111,时钟方式为 2 分频。复位后,工作频率为 10MHz÷2＝5MHz。用软件重新设置 CLKMD 寄存器,就可以改变 DSP 的工作频率,如设定 CLKMD＝9007H,则工作频率为 10×10MHz＝100MHz。

7.1.3　电源电路

为了降低芯片功耗,TMS320C54x 系列 DSP 芯片大部分都采用低电压设计,并且采用双电源供电,即内核电源(Cvdd)和 I/O 电源(Dvdd),其中 I/O 电源一般采用 3.3V 电压,而内核电源电压分为 3.3V 或 2.5V 甚至更低,降低内核电压的主要目的还是降低功耗。理想情况下,两电源应同时加电。若不能做到同时加电,应先对 Dvdd 加电,然后再对 Cvdd 加电。

TMS320C54x DSP 系统电源方案有以下几种。
* 采用 3.3V 单电源供电。
* 可选用 TI 公司的 TPS7133,TPS7233 和 TPS7333;Maxim 公司的 MAX604、MAX748。
* 采用可调电压的单电源供电。
* 可选用 TI 公司的 TPS7101,TPS7201 和 TPS7301。
* 采用双电源供电。
* 可选用 TI 公司的 TPS73HD301,TPS73HD325,TPS73HD318 等芯片。
一个采用双电源 TPS73HD318 的电源应用如图 7.7 所示。

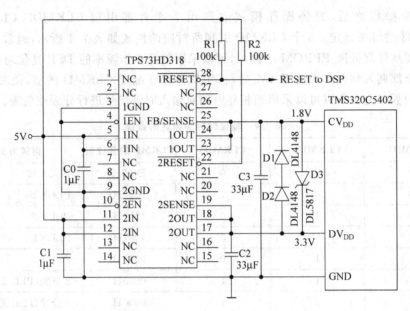

图 7.7   TPS73HD318 双电源 DSP 应用电路

7.2   存储器接口设计

作为 DSP 芯片与外界交换数据的重要关口,外扩存储器接口的优劣程度直接影响着 DSP 的适应性和控制功能。存储器接口类型可分为异步存储器接口和同步存储器接口两大类型。异步存储器接口类型是最常见的,也是人们最熟知的,MCU 一般均采用此类接口。相应的存储器有 SRAM,Flash,NvRAM 等,另外许多以并行方式接口的模拟/数字 I/O 器件,如 A/D、D/A、开入/开出等,也采用异步存储器接口形式实现。同步存储接口对大家来说相对比较陌生,一般用于高档的微处理器中,TI DSP 中只有 C55x 和 C6000 系列 DSP 包含同步存储器接口。相应的存储器有同步静态存储器、SBSRAM 和 ZBTSRAM、同步动态存储器 SDRAM、同步 FIFO 等。SDRAM 可能是人们最熟知的同步存储器件,它被广泛用作 PC 的内存。

TMS320C2000,TMS320C3x,TMS320C54x 系列 DSP 只提供异步存储器接口,所以它们只能与异步存储器直接接口,如果想要与同步存储器接口,则必须外加相应的存储器控制器,从电路的复杂性和成本的考虑,一般不这么做。

TMS320C54x DSP 的外部接口包括数据总线、地址总线和一组用于访问片外存储器与 I/O 端口的控制信号。TMS320C54x DSP 的外部程序或数据存储器以及 I/O 扩展的地址和数据总线复用,完全依靠片选和读写选通配合时序控制完成外部程序存储器、数据存储器和扩展 I/O 的操作。TMS320C54x DSP 在访问存储器时,是由控制信号 $\overline{\text{MSTRB}}$ 和 R/$\overline{\text{W}}$ 控制下进行的;如果访问程序存储器空间,则还有 $\overline{\text{PS}}$ 信号;如果是访问数据存储器空间,则还有 $\overline{DS}$ 信号。而在访问 I/O 口时,则在控制信号 $\overline{IOSTRB}$ 和 $R/\overline{W}$ 的作用下进行。$R/\overline{W}$ 信号控制访问的方向。

在选择外部存储器时,一要考虑到存储器存取时间的问题。对于快速存储器件,即存取时间<20ns 的器件,可以直接与 TMS320C54x 系列 DSP 接口;而对于慢速存储器器件,则 TMS320C54x DSP 在访问时需要插入等待状态。由于 TMS320C54x 系列 DSP 具有内部的可编程等待状态发生器,所以不需要外接其他的逻辑电路便可与慢速存储器接口。二是存储器容量问题,外部存储器的容量应该由系统需求决定,在选择芯片时应尽量选择内部容量大的芯片。三是数据总线位数问题,在系统设计时,尽量选用与 DSP 芯片相同数据总线位数的外部存储器,这样有助于简化软件设计,如 TMS320C54x DSP 采用 16 位数据总线,选择时要尽量选用 16 位的外部存储器。

外扩存储器主要分为两类,一类是 ROM:包括 EPROM、E²PROM 和 Flash 等。另一类是 RAM:分为静态 RAM(SRAM)和动态 RAM(DRAM),下面对其一一进行介绍。

7.2.1 RAM 接口设计

根据系统设计需要,外扩 RAM 可以用作数据存储器,也可以用作程序存储器,比如程序代码大于 16K 或 32K 时,常常需要进行外部扩展。

图 7.8 所示为 TMS320C5416 与 IS61LV25616AL-10T 的连接示意图。

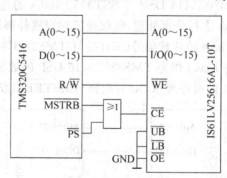

图 7.8 TMS320C5416 与 IS61LV25616AL-10T 的连接示意图

IS61LV25616AL-10T 芯片是 ISSI 公司生产的 256K×16b 的异步 SRAM,其工作电压为 3.3V,与 TMS320C5416 的外设电压相同,存取速度为 10ns。其真值表如表 7.5 所示。

表 7.5 IS61LV25616AL 真值表

Mode	$\overline{WE}$	$\overline{CE}$	$\overline{OE}$	$\overline{LB}$	$\overline{UB}$	I/O PIN		
						I/O0~I/O7	I/O8~I/O15	V_{DD} Current
Not Selected	X	H	X	X	X	High-Z	High-Z	I_{SB1},I_{SB2}
Output Disabled	H	L	H	X	X	High-Z	High-Z	Icc
	X	L	X	H	H	High-Z	High-Z	

续表

Mode	$\overline{\text{WE}}$	$\overline{\text{CE}}$	$\overline{\text{OE}}$	$\overline{\text{LB}}$	$\overline{\text{UB}}$	I/O PIN		
						I/O0~I/O7	I/O8~I/O15	V_{DD} Current
Read	H	L	L	L	H	D_{OUT}	High-Z	I_{CC}
	H	L	L	H	L	High-Z	D_{OUT}	
	H	L	L	L	L	Dout	D_{OUT}	
Write	L	L	X	L	H	D_{IN}	High-Z	I_{CC}
	L	L	X	H	L	High-Z	D_{IN}	
	L	L	X	L	L	D_{IN}	D_{IN}	

由真值表可以看出,写模式不受读允许$\overline{\text{OE}}$电平的影响,因此,$\overline{\text{OE}}$直接接地。这种接法使得该程序存储器占用 64K 字的地址空间(0000H~FFFFH),需要注意的是,如果内部 RAM 设置成有效,则相同地址的外部 RAM 自动无效。

7.2.2　Flash 接口设计

Flash 接口的设计比较简单,这里介绍一种 SST 公司的 Flash(SST39VF400A)与 TMS320C5416 DSP 的接口连接。SST39VF400A 是 256K×16b 的 Flash 存储器,工作电压为 3.3V,可以直接与 TMS320C5416 DSP 相连。访问时间是 70~90ns。

图 7.9 所示为 TMS320C5416 DSP 与 SST39VF400A 的连接示意图,为了简化起见,图 7.9 中没有对 Flash 进行分页处理,仅仅是把它当成外部数据存储区来处理。其中读信号$\overline{\text{OE}}$直接接地,Flash 的片选信号$\overline{\text{CE}}$直接与 TMS320C5416 DSP 的数据区选择信号$\overline{\text{DS}}$相连接,这表明将 Flash 作为 TMS320C5416 DSP 的数据存储区进行访问,同时为了满足 SST39VF400A 的时序要求,R/$\overline{\text{W}}$引脚与$\overline{\text{MSTRB}}$相或后接至$\overline{\text{WE}}$。

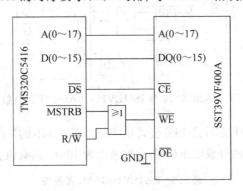

图 7.9　TMS320C5416 与 SST39VF400A 的连接示意图

需要注意的是,TMS320C5416 DSP 在自举过程中,是将外部的存储区当作数据存储区来访问的。因此在设计时,虽然 Flash 内部存储的是代码,但对于 DSP 而言依然是数据。对该连接方法而言,由于数据区中的 0x0000~0x7FFF 对应为 DSP 内存的 RAM 区,所以 DSP 要对外部的 Flash 操作只能访问 0x8000~0xFFFF 的 32K 字存储区。

7.3 Flash 擦写

要想使用 Flash 存储器,用户需要通过向特定地址中写入特定的指令序列,通过这些命令用户即可启动内部写状态机,从而实现 Flash 自动完成指令序列要求的内部操作,包括复位、整片擦除、块擦除、扇区擦除、操作字写入等。通常,在对 Flash 进行编程之前,必须将 Flash 中待写的区域进行擦除,然后才能进行编程操作。SST39VF400A 的编程/擦除总线周期如表 7.6 所示。

表 7.6　SST39VF400A 的编程/擦除总线周期

命令	第 1 个总线写周期		第 2 个总线写周期		第 3 个总线写周期		第 4 个总线写周期		第 5 个总线写周期		第 6 个总线写周期	
	Addr	Data	Addr	Data	Addr	Data	Addr	Data	Addr	Data	Addr	Data
编程	5555H	AAH	2AAAH	55H	5555H	A0H	WA	DATA				
扇区擦除	5555H	AAH	2AAAH	55H	5555H	80H	5555H	AAH	2AAAH	55H	SAx	30H
整块擦除	5555H	AAH	2AAAH	55H	5555H	80H	5555H	AAH	2AAAH	55H	BAx	50H
整片擦除	5555H	AAH	2AAAH	55H	5555H	80H	5555H	AAH	2AAAH	55H	5555H	10H

其中 WA 表示可编程字的地址,SAx 表示要擦除第 x 个扇区,用地址线 A17~A11 控制,BAx 表示要擦除第 x 块,用地址线 A17~A15 控制。

需要注意的是,每次对 Flash 发出操作命令后,必须等到 Flash 完成本次操作才能发送下一个操作命令。判断 Flash 执行命令完毕的方式有两种,一是利用数据位 D7 判断,如果 Flash 尚未完成操作,则读该位总是为低,完成操作后该位变成高;二是利用数据位 D6 判断,如果 Flash 尚未完成操作,则相邻两次读到的 D6 位的值不同。当两次读到的 D6 位的值都是一样的,表明 Flash 完成了本次操作。

其写操作的流程如图 7.10 所示。

TMS320C5416 在加电后是以数据空间来寻址 Flash 的,只能寻址 8000~FFFFH 外部地址范围的数据。在 MP=1 和 OVLY=1 的情况下,地址 5555H 和 2AAAH 是位于 TMS320C5416 DSP 内部,在外部是不可见的,因此对于写 AAII 到 5555H 和写 55H 到 2AAAH 的操作,其实根本未对 Flash 进行操作。但通过分析发现 5555H 和 2AAAH 中真正起作用的是

图 7.10　数据写操作流程图

A0～A14 位，A15～A17 位可以是任意值，于是考虑加一个偏移量 8000H。则此时 5555H 变为 D555H，而 2AAAH 变为 AAAAH 在外部可见，这样就可以通过 TMS320C5416 DSP 对外部 Flash 进行操作。

下面以数据位 D6 判断操作完成与否，说明 TMS320C5416 DSP 对 SST39VF400A 写操作的具体过程，其他操作过程与该过程基本相同。

```
Void Flash_Program(uint * Ad,uint DA)        //Ad 为编程地址,DA 为编程数据
{
#define OFFSET 0x8000
uint * Ad_Temp,Temp1,Temp2;                  //定义临时地址指针和数据变量
Ad_Temp = (uint * )(0x55555 + OFFSET);       //第一个写周期
* Ad_Temp = 0x00AAH;                          //给地址 0x5555,写数据 0x00AAH
Ad_Temp = (uint * )(0x2AAA + OFFSET);        //第二个写周期
* Ad_Temp = 0x0055H;                          //给地址 0x2AAA,写数据 0x0055H
Ad_Temp = (uint * )(0x5555 + OFFSET);        //第三个写周期
* Ad_Temp = 0x00A0H;                          //给地址 0x5555 写数据 0x00A0
* Ad = DA;                                    //给编程地址写编程数据
Again;
Temp1 = * Ad & 0x0040;                        //两次读 D6(Toggle Bit)
Temp2 = * Ad & 0x0040;
If(Temp1! = Temp2)                            //判断是否命令执行结束,否则继续读 Toggle Bit
goto Again;
}
```

需要注意的是，在 DSP 将数据写入 Flash 之前，只有先删除数据所在块，然后才能重新写入。擦除和写操作之前都要执行表 7.6 所示的相应命令字序列。而其前提是 Flash 地址在 DSP 中是可见的。

7.4　Bootloader 设计

7.4.1　Bootloader 的过程

Bootloader 就是程序的引导加载，由于 DSP 不像 51 单片机，内部没有可编辑的程序存储器，片上的程序存储器就是 ROM 存储器，它必须在复位期间将外部的程序加载到内部 RAM 之后才能运行。为此，在 DSP 芯片内部的 ROM 中，固化有一段小程序，通过这段小程序初始化硬件设备、建立内存空间的映射图，最终将用户程序加载到 RAM 中，并跳转到用户程序的入口地址开始执行程序。

需要注意的是，要想执行这段 ROM 内代码来实现自引导，通常是在脱机运行时，使 MP/$\overline{MC}$＝0 来实现的，但现在有的用户，也选择自己编写引导代码，并烧写在 Flash 中，在脱机运行时，使 MP/$\overline{MC}$＝1，从片外 Flash 的 FF80H 处跳转并执行自编写的引导代码。在此只介绍片内 ROM 的引导过程。

TMS320C54x DSP 芯片内 ROM 的引导加载共有并行 EPROM(Flash)、并行

I/O、串行口、HPI口和热自举5种方式,其中前三种又分8位和16位两种,从而可以满足不同应用的需要。需要注意的是,要想使用内部ROM自带的引导程序,必须将TMS320C54x DSP设置为微计算机工作方式,也就是MP/MC=0,这样TMS320C54x DSP复位后,程序就从内部ROM的FF80H地址处开始运行。在FF80H处,有一条跳转到BOOT程序的指令,这样便开始运行内部的BOOT程序。TMS320C5402 DSP片内4KB ROM的具体内容如表7.7所示。

表7.7　TMS320C5402 DSP 片内 ROM 分配表

起 始 地 址	内　　容	起 始 地 址	内　　容
F000H	预留	FE00H	256 字正弦查找表
F800H	自举引导程序	FF00H	预留
FC00H	256 字 μ 律扩充表	FF80H	中断向量表
FD00H	256 字 A 律扩充表		

由表可见,从片内ROM的0FF80H地址开始存放的是中断向量表,它实为一条分支转移指令(BD 0F800H)。该指令使程序跳转至0F800H,并从此开始执行自举引导程序。

需要注意的是,不同型号的ROM容量不一样,内容不一定完全一样,但都是在F800H处有自举引导程序。

在BOOT程序的开始,是一小段初始化程序,其程序片段如下。

```
0000: FF80
SSBX    INTM              ; 屏蔽所有中断
LD      #0, DP            ; 数据页指向 0 页
STM     #0FFFFH, IFR      ; 清空 IFR 寄存器
ORM     #02b00H, ST1      ; 设置 ST1 寄存器,其中 XF = 1, INTM = 1, OVM = 1, SXM = 1
ORM     #020H, PMST       ; 设置 PMST,OVLY = 1 使片内 RAM 映射到程序/数据区
STM     #07fffH, SWWSR    ; 设置 SWWSR,等待状态为 7 个周期
```

初始化程序功能是:使中断无效(INTM=1),内部RAM映射到程序/数据区(OVLY=1),对程序和数据区均设置7个等待状态。DROM = 0,这样数据空间的0x8000H~0xFFFFH将映射到外部Flash使用。

随后BOOT程序开始选择BOOT方式,它是根据外部设置的不同条件来选择的,并且有一个先后的次序。其选择流程如下。

(1) 首先,在自举加载前对其进行初始化,其中包括:使中断无效(INTM=1),内部RAM映射到程序/数据区(OVLY=1),对程序和数据区均设置7个等待状态等。

(2) 检查INT2,决定是否从HPI装载。主机接口(HPI)是利用INT2进行自举加载的。如果没有INT2信号,说明不是HPI加载。

(3) 检查INT3决定是否进行串行EEPROM加载。如果TMS320C54x DSP检测到INT3信号,则进行串行EEPROM加载,否则转到(4)。

(4) 从I/O空间的FFFFH处读取源地址,如果是有效地址,则进行并行加载;否

则从数据空间的 FFFFH 处读取源地址,如果地址有效,也可进行并行加载;若两种情况都不是则转到(5)。

(5) 初始化串口,置 XF 为低。若 McBSP1 接收到一个数据,先检查是否是有效的关键字,若是则通过 McBSP1 进行串口加载,否则检查 McBSP0,其过程与 McBSP1 相同。

(6) 检测 BIO 引脚是否为低电平,若为低电平再检查是否为有效的关键字,若是则进行 I/O 加载,否则检测是否是有效的入口点,若是,则转入入口点,若都不是则跳到(5)。

整个过程如图 7.11 所示。

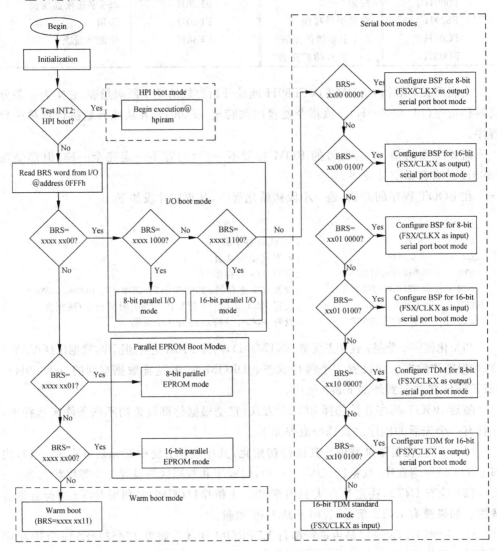

图 7.11　引导加载方式的选择流程

其中,HPI自举需要有一个主机(如单片机)进行干预,虽然可以通过这个主机对TMS320C54x DSP内部工作情况进行监控,但电路复杂、成本高;串口自举代码加载速度慢;I/O自举仅占用一个端口地址,代码加载速度快,但一般的外部存储器都需要接口芯片来满足 TMS320C54x DSP 的自举时序,故电路复杂,成本高;并行自举加载速度快,虽然需要占用 DSP 数据区的部分地址,但无须增加其他接口芯片,电路简单。因此在 TI 公司的 TMS320C54x 系列 DSP 中,并行自举得到了广泛的应用。下面以外部并行16位为例来说明 BOOT 的设计方法。

图 7.12 详细描述了并行加载过程。

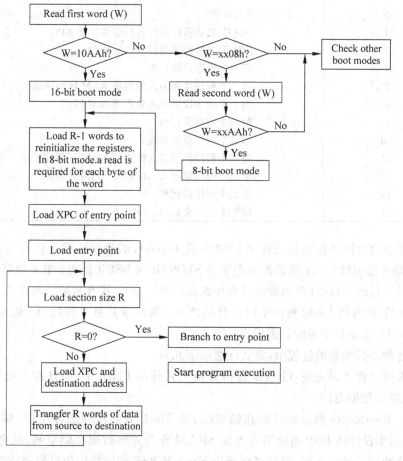

图 7.12　并行加载过程

通常,在并行加载模式的判别时,从数据空间获取代码的首地址较方便。因为在数据空间不需要另扩 I/O 空间,同时在数据空间中可同时包含自举表内容及自举表存放的首地址。所以 BOOT 程序首先读入外部数据区(一般为 Flash 等掉电不易失器件)的 FFFEH 和 FFFFH 两个地址的内容(如果 Flash 是 16 位的,则只需要读取 FFFFH 内容即可),并把它们组装成 1 个 16 位字作为代码存放的源地址(通常为 8000H),从该地址开始复制数据到内部的 RAM 程序空间。复制完毕后,Bootloader 便跳转到指定的程序入口地址,开始执行用户程序。把从 8000H(假设为 8000H)开始的烧录到 Flash 中的代码称为 BOOT 表(自举表),其数据存放格式已被 BOOT 程序约定好。其格式如表 7.8 所示。

表 7.8   16 位模式下通用 BOOT 表结构

序　号	内容及意义
1	10AA(16 位存储格式)
2	SWWSR 值
3	BSCR 值
4	BOOT 之后程序执行入口偏移地址 XPC
5	BOOT 之后程序执行入口地址 PC
6	第一个程序段的长度
7	第一个程序段要装入的内部 RAM 区偏移地址
8	第一个程序段要装入的内部 RAM 区地址
9	第一个程序段代码
10	第二个程序段的长度
11	第二个程序段要装入的内部 RAM 区偏移地址
12	第二个程序段要装入的内部 RAM 区地址
13	第二个程序段代码
14	BOOT 表结束标志:0x0000

自举表的首地址内容是关键字(08AA 或 10AA),加载程序就是根据它来判断是 16 位还是 8 位加载方式;接着的两个字是 SWWSR 和 BSCR 的值;第 4 和第 5 个字是程序代码执行的入口点(即加载以后程序执行的首地址);接着是第一段代码的长度以及它 BOOT 到内部 RAM 程序空间的目的地址;紧跟着是另一段代码;依此类推,最后是 0000H,这是自举表的结束标志。

在这种并行加载的过程中,需要注意以下几点。

要求用户程序事先按 TI 规定的格式烧写到外部 Flash 中,而且在上电时必须把 Flash 配置在数据空间。

由于 Bootloader 的寻址区是在数据区,即 Flash 只能接在数据空间,即用 DS 片选,因此如果设计的 DSP 系统需要外接 SRAM 作为外部数据存储空间,就会和 Flash 产生地址冲突。另一方面,当程序全部从 Flash BOOT 到所指定的目的地址以后,用于存放程序的 Flash 在系统的运行过程中就不再起任何作用。

由于 DSP 的数据空间的大小只有 64K,片内 RAM(例如 TMS320VC5410 DSP)又占去了约 16K,所以引导程序所能加载的用户程序不仅要占用数据空间,而且最大只能是 48K。这就无法满足在实际应用中可能遇到的大程序、大数据量的要求,而片内 ROM 中的这段程序在出厂前已由 TI 公司固化,这段代码无法更改,如果超过了这个限制,就必须自己重新编写 Bootloader 程序,这可以参考 TMS320C54x 的 Bootloader

程序进行编写。

7.4.2　Bootloader 的实现

以并行引导的方式为例进行讲解,并行引导方式的实现有两种,一种是自己重新编写所有引导代码,并和用户程序一起烧写在外部程序存储器 Flash 中,在脱机复位时,令 MP/$\overline{MC}$=1,这样直接从片外 FF80H 处开始执行自编写代码,将用户代码搬移到内部或外部 RAM 程序存储空间中运行,或者完全不用引导程序搬移,直接在 Flash 程序存储器中运行用户程序,后者已不属于并行引导的范畴;另一种是利用片内 ROM 自带的引导程序,在脱机复位时,令 MP/$\overline{MC}$=0 来实现。

无论上述哪种方法,都要涉及 Flash 的烧写,同时还有 BOOT 表的组织,它们的方法也有两种,一种是基于专用编程器的烧写方式,这需要把用户的 .out 程序转成 .hex 格式的加载表,然后烧录到非易失性存储器中,由于现在的 Flash 大多是贴片的,无法将 Flash 存储器等元器件从电路板上取下来单独进行编程。专用编程器的方式已经很少采用;另一种是基于仿真器连接的 JTAG 接口的在线编程方式,有的也叫在系统编程,这种在系统带电编程的方式不受时间和空间的限制,随时随地都可进行编程,且产品软件版本升级容易,目前应用比较普遍。在 BOOT 表的组织上,也有不同的方法,一种是利用 CCS 自带的 hex500.exe 应用程序来实现 BOOT 表的数据格式,另一种是在 Flash 烧写的过程中,人为组织 BOOT 表的数据格式。下面给出在线编程的具体步骤,假设用户要生成 user.out。

修改 CCS 软件配置,在 Project/Build Options 界面的 Processor Version 中填入 v548,然后单击确定。注意:如果不加这个选项,用 hex500 程序转化出来的 hex 文件无法加载。

在 PROJECT->BUILD OPTIONS->LINKER 中 MAP FILENAME（－m）后填入“.\debug\user.map”,然后单击确定。

编译后在用户工程文件夹里的 debug 文件夹下生成 user.out 和 user.map 文件。

编写烧写配置文件 myuser.cmd,文件名可自取,但文件应该放在 debug 文件夹下,内容如下。

```
user.out          /* 被转换的 COFF 文件名
-e  2e80H         /* (程序运行的起始地址_c_int00 :2e80H)(注意一定不要写成 0x2e80H)
                  /* 该地址可在上步生成的 user.map 文件中找到
-a                /* 转换成 ASCII-hex 格式文件;有的用-I 转换成 inter 格式
-o user.hex       /* 转换后文件名为 user.hex
-memwidth 16      /* 外部数据存储器字宽为 16 位(如果存储器为 8 位,则和下一句都改为 8)
-romwidth 16      /* ROM 子宽为 16 位
-boot             /* 将 COFF 文件中各段均转换至自举表
-bootorg 8000H    /* 存放自举表的首地址为 8000H; 也可用-bootorg PARALLEL 代替
```

注意在实际编写时要将后面注释去掉。

将 C:\ti\c5400\cgtools\bin 目录下的 hex500.exe 拷贝到 debug 目录下,并在该目录下建立一个批处理文件 user.bat ,内容为"hex500 myuser.cmd",双击 user.bat 文件,即可生成 user.hex 文件。hex 文件格式如图 7.13 所示。

在烧写前将 user.hex 中的起始符号、结束符等无用的信息去掉并转换成 DSP 能识别的文件格式。可以将其转换成.dat 格式或.bin 格式或.h 格式,其目的都是去掉 hex 文件中的无用数据和无用格式,转变成符合表 7.8 所示的 BOOT 表结构,这一部分工作可以自己编写程序来实现。例如一个.dat 格式的文件部分内容如图 7.14 所示。

```
h
$A8000,
10 AA 7F FF F8 00 00 02 80 8E 00 80 00 00 7F 80 4A 1E F4 95 F8 82 80 8E
4A 1E F4 95 F8 80 7F 86 4A 1E F4 95 F8 80 7F 8A 4A 1E F4 95 F8 80 7F 8E
4A 1E F4 95 F8 80 7F 92 4A 1E F4 95 F8 80 7F 96 4A 1E F4 95 F8 80 7F 9A
4A 1E F4 95 F8 80 7F 9E 4A 1E F4 95 F8 80 7F A2 4A 1E F4 95 F8 80 7F A6
4A 1E F4 95 F8 80 7F AA 4A 1E F4 95 F8 80 7F AE 4A 1E F4 95 F8 80 7F B2
4A 1E F4 95 F8 80 7F B6 4A 1E F4 95 F8 80 7F BA F2 73 71 F5 4A 06 F7 BE
4A 1E F4 95 F8 80 7F C2 4A 1E F4 95 F8 80 7F C6 4A 1E F4 95 F8 80 7F CA
4A 1E F4 95 F8 80 77 46 4A 1E F4 95 F8 80 7F D2 4A 1E F4 95 F8 80 7F D6
4A 1E F4 95 F8 80 7F DA 4A 1E F4 95 F8 80 7F DE 4A 1E F4 95 F8 80 7F E2
4A 1E F4 95 F8 80 7F E6 4A 1E F4 95 F8 80 7F EA 4A 1E F4 95 F8 80 7F EE
4A 1E F4 95 F8 80 7F F2 4A 1E F4 95 F8 80 7F F6 4A 1E F4 95 F8 80 7F FA
4A 1E F4 95 F8 80 7F FE
00 04 00 00 00 7C 00 00 00 00 DB EF 00 00
```

```
1651 1 8000 1 200
0x10AA
0x7FFF
0xF800
0x0000
0x2e80
0x0002
0x0000
0x2100
0xF073
0x0100
0x00B9
0x0000
0x0100
0xE000
0x0000
0x0000
```

图 7.13　hex 文件内容　　　　　　图 7.14　一个.dat 格式的文件部分内容

其中 1651 是 dat 文件必需格式,1 表示是十六进制,8000H 表示数据存放地址,接下的 1 表示存入的是数据空间,200H 表示数据长度。

有了这个转换后的格式文件后,在线烧写程序只要按照表 7.8 中的数据格式,将数据写入外部存储器即可实现程序的在线烧写,这可以通过多种途径来实现,目的都是为了将这些 BOOT 表所需表头信息和用户真实代码烧写进 Flash 中,比如.dat 文件可采用.copy 或.include 命令将该文件作为数据段烧写入 Flash,也可用 CCS 软件中 File 菜单下的 data load 将数据直接装入 DSP 的 RAM 中,然后通过 DSP 对 Flash 的写操作将程序烧入 Flash 等。需要注意的是无论哪种方法,都要在 Flash 的 0FFFFH 单元中写入引导表起始地址,例如 8000H。

引导表烧入 Flash 后,将 MP/MC 引脚置低,上电复位后引导程序就会自动将 Flash 中的程序搬入片内 RAM,然后跳转到程序入口地址开始运行。

7.5　小结

本章详细介绍了 TMS320C54x DSP 最小系统的设计,并给出了外部存储器接口电路的设计,对 Flash 的擦写做了介绍,最后给出了一个 Bootloader 的实现步骤。从而让读者对硬件的连接和软件的脱机运行有了一个完整的认识。

习题 7

（1）当程序代码较小时，还需要外接 RAM 吗？

（2）通常外接 RAM 的作用有哪些？

（3）外接 Flash 的存储空间通常映射在数据空间还是程序空间？

（4）为什么 Bootloader 有这么多种方式？

第8章

TMS320C54x DSP芯片 应用设计

8.1 定时器在 ICETEK-VC5416 A-S60 上的设计实例

该实例主要完成指示灯在定时器的定时中断中按照设计定时闪烁,主要目的是让读者掌握 TMS320VC5416 定时器的控制方法,掌握 TMS320VC5416 的中断结构和对中断的处理流程,学会 C 语言中断程序设计以及运用中断程序控制程序流程。

其硬件连接电路简图如图 8.1 所示,其中 7 个指示灯是 D3~D9。

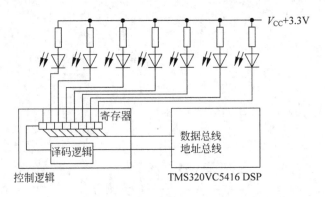

图 8.1　定时器实例连接电路简图

TMS320C54x DSP 的 I/O 空间被保留用于外部扩展。由于在程序中访问 I/O 空间的语句只有 in 和 out 指令,所以在扩展时一般将带有控制功能的寄存器或分离地址访问的存储单元的地址映射到 I/O 空间,访问这部分的单元又称 I/O 端口访问。发光二极管控制寄存器的地址为 8007H。

程序流程图如图 8.2 所示。

主程序流程图中断服务程序流程图如图 8.3 所示。

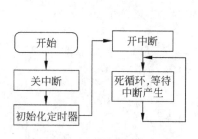
图 8.2　定时器程序流程图

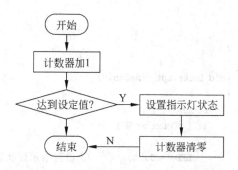
图 8.3　定时器中断服务程序流程图

整个工程包含三个主要文件,一个是主程序 Timer. c 文件,一个是链接命令文件 Timer. CMD 文件,一个是中断向量文件 VECTORS. asm,其源代码如下:

Timer.c 文件:

```c
#define    TIM    * (int * )0x24
#define    PRD    * (int * )0x25
#define    TCR    * (int * )0x26
#define    IMR    * (int * )0x0
#define    IFR    * (int * )0x1
#define    PMST   * (int * )0x1d

ioport unsigned int port3002,port3003;

#define DIP port3003
#define LED port3002

void interrupt time(void);

unsigned int nCount,uWork;

main()
{
    nCount = uWork = 0;
    asm("    ssbx INTM");            // 关中断,进行关键设置时不许打扰
    // 设置通用定时器
    uWork = PMST;                    // 设置 PMST 寄存器
    PMST = uWork&0xff;               // 中断向量表起始地址 = 80H
    IMR = 0x8;                       // 使能 TINT
    TCR = 0x41F;                     // 预分频系数为 8
    TIM = 0;                         // 时钟计数器清 0
    PRD = 0x0f423;                   // 周期寄存器为 0f423H
    TCR = 0x42f;                     // 复位、启动
    IFR = 0x100;                     // 清中断标志位
    asm("    rsbx INTM");            // 开中断
    LED - 0xff;
    while ( 1 )
    {
```

```
    }

}

void interrupt time(void)
{
    nCount ++ ;
    if ( nCount >= 4 )
    {
        LED ^ = 0x55;          // 设置指示灯状态
        nCount = 0;
    }
}
```

采用中断方式定时和循环计算方法定时相比,采用中断方式可以实现指示灯的定时闪烁时间更加准确。对于定时器的周期寄存器为计数 f423H,分频系数定为 15,即 10×10^6 个 CPU 时钟,由于 DSP 工作在 8MHz 主频,正好是 125ms 中断一次,所以在中断服务程序中计算中断 4 次时改变指示灯状态,实现指示灯亮 0.5s 再灭 0.5s,即每秒闪烁 1 次。

VECTORS. asm:

```
. sect ".vectors"
      .ref _c_int00                    ;C entry point
      .ref _time
      .align  0x80                     ; must be aligned on page boundary
RESET:                                 ; reset vector
      BD _c_int00                      ; branch to C entry point
      STM #200,SP                      ; stack size of 200
nmi:  RETE                             ; enable interrupts and return from one
          NOP
          NOP
          NOP                          ;NMI~
                                       ; software interrupts
sint17 .space 4 * 16
sint18 .space 4 * 16
sint19 .space 4 * 16
sint20 .space 4 * 16
sint21 .space 4 * 16
sint22 .space 4 * 16
sint23 .space 4 * 16
sint24 .space 4 * 16
sint25 .space 4 * 16
sint26 .space 4 * 16
sint27 .space 4 * 16
sint28 .space 4 * 16
```

```
sint29 . space 4 * 16
sint30 . space 4 * 16

int0:    RETE
                 NOP
                 NOP
                 NOP
int1:    RETE
                 NOP
                 NOP
                 NOP
int2:    RETE
                 NOP
                 NOP
                 NOP
tint:    B       _time
                 NOP
                 NOP
rint0:   RETE
                 NOP
                 NOP
                 NOP
xint0:   RETE
                 NOP
                 NOP
                 NOP
rint1:   RETE
                 NOP
                 NOP
                 NOP
xint1:   RETE
                 NOP
                 NOP
                 NOP
int3:    RETE
                 NOP
                 NOP
                 NOP
                 . end
```

Timer. CMD 文件：

```
- w
- stack 400h
- heap 100
```

```
    - l rts.lib
MEMORY
{
    PAGE 0:
        VECT      : o = 80h, l = 80h
        PRAM      : o = 100h, l = 1f00h
    PAGE 1:
        DRAM      : o = 2000h, l = 1000h
}
SECTIONS
{
    .text     : {}> PRAM PAGE 0
    .data     : {}> PRAM PAGE 0
    .cinit    : {}> PRAM PAGE 0
    .switch   : {}> PRAM PAGE 0
    .const    : {}> DRAM PAGE 1
    .bss      : {}> DRAM PAGE 1
    .stack    : {}> DRAM PAGE 1
    .vectors  : {}> VECT PAGE 0
}
```

实例程序的工程中包含了两种源代码,主程序采用 C 语言编写从而有利于控制,中断向量表在 vector.asm 汇编语言文件中,利于直观地控制存储区分配。在工程中只需将它们添加进来即可,编译系统会自动识别分别处理完成整合工作。

实例程序的 C 语言主程序中包含了内嵌汇编语句,提供一种在需要更直接控制 DSP 状态时的方法,同样的方法也能提高 C 语言部分程序的计算效率。

在编译链接前一定要在工程中添加 rts.lib 文件,使用 C 程序时必须添加这个文件,若为.asm 文件则不用添加。

8.2 FIR 在 ICETEK-VC5416 A-S60 DSP 上的设计实例

该实例对实验箱上 AD 采集信号进行 FIR 低通滤波设计,AD 采集信号由两路构成,实验箱上两路独立信号源分别产生两个单频信号,分别经两路 AD 转换后进行相加,产生混合后的输入信号,传给 FIR 算法,混合的方法采用同相位混频方法。

实例所用的 A/D 转换模块为 ADS7864,其带内置采样和保持的 12 位模数转换模块 ADC,最小转换时间为 500ns。具有 2 个模拟输入通道(ADIN0～ADIN1)。

其模数转换工作过程为:模数转换模块接到启动转换信号后,按照设置进行相应通道的数据采样转换;经过一个采样时间的延迟后,将采样结果放入 AD 数据寄存器保存;转换结束,设置标志,也可发出中断;如果为连续转换方式则重新开始转换过程;否则等待下一个启动信号。

FIR 低通滤波器参数:采样频率 50kHz,截止频率:1kHz,增益 40dB,阶数 64。

程序流程图如图 8.4 所示,FIR 滤波中断程序流程如图 8.5 所示。

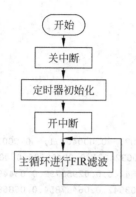

图 8.4　FIR 滤波程序流程图

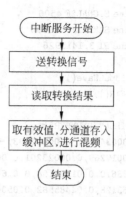

图 8.5　FIR 滤波中断程序流程图

　　该工程主要包含三个文件：Fir. c 主文件，链接命令文件的 Fir. cmd 文件，以及中断向量文件 VECTORS. asm，其源代码如下。

　　Fir. c 主文件：

```c
# include < math. h >

# define    TIM         * ( int * )0x24
# define    PRD         * ( int * )0x25
# define    TCR         * ( int * )0x26
# define    IMR         * ( int * )0x0
# define    IFR         * ( int * )0x1
# define    PMST        * ( int * )0x1d
# define REGISTERCLKMD  * ( int * )0x58

ioport unsigned int port2, port3, port4;

# define AD_DATA port2
# define AD_SEL   port3
# define AD_HOLD port4

void interrupt time(void);
int * ptr, k0, k1;
signed int uWork0, uWork, uWork1;
unsigned int nCount;
int * nADC0;

# pragma DATA_SECTION(mix, ". image")
int mix[256];
int kk = 0;
int kkk = 0;

# define FIRNUMBER 64
# define SIGNAL1F 1000
```

```
#define SIGNAL2F 4500
#define SAMPLEF  10000
#define PI 3.1415926

float InputWave();
float FIR();

float fHn[FIRNUMBER] = {
-0.00003439, -0.00012393, -0.00024141, -0.00035107, -0.00040971, -0.00036807,
-0.00017269, 0.00023201, 0.00090143, 0.00188829, 0.00324021, 0.00499726, 0.00718971,
0.00983610, 0.01294158, 0.01649678, 0.02047707, 0.02484246, 0.02953799, 0.03449473,
0.03963128, 0.04485582, 0.05006853, 0.05516443, 0.06003642, 0.06457854, 0.06868920,
0.07227434, 0.07525045, 0.07754723, 0.07910984, 0.07990069, 0.07990069, 0.07910984,
0.07754723, 0.07525045, 0.07227434, 0.06868920, 0.06457854, 0.06003642, 0.05516443,
0.05006853, 0.04485582, 0.03963128, 0.03449473, 0.02953799, 0.02484246, 0.02047707,
0.01649678, 0.01294158, 0.00983610, 0.00718971, 0.00499726, 0.00324021, 0.00188829,
0.00090143, 0.00023201, -0.00017269, -0.00036807, -0.00040971, -0.00035107,
-0.00024141, -0.00012393, -0.00003439
};

float fXn[FIRNUMBER] = { 0.0 };
float fInput, fOutput;
float fSignal1, fSignal2;
float fStepSignal1, fStepSignal2;
float f2PI;
int i;
float fIn[256], fOut[256];
int nIn, nOut;

int flage = 0;

main()
{
    int i, j;
    asm("    ssbx INTM");                // 关闭可屏蔽中断
    *(int *)0x58 = 0x0;
    asm(" nop");
    asm(" nop");
    *(int *)0x58 = 0x9007;               // DSP 主频改为 = 160MHz
    k0 = k1 = 0;
    ptr = (int *)0x3000;                 // 转换数据的保存区,从数据区 3000H 开始
                                         // 3000H~3200H 保存第 1 通道(AIN1)的转换结果
                                         // 3200H~3400H 保存第 2 通道(AIN2)的转换结果
    for(i = 0; i < 0x400; i++)           // 将转换数据的保存区清零
            *(ptr + i) = 0;
    j = PMST;
    PMST = j&0xff;
```

```
        IMR = 0x8;
        TCR = 0x417;                        // 计数器分频系数 = 8
        TIM = 8;
//      PRD = 0x27;
        PRD = 0x018f;
        TCR = 0x427;                        // 427
        IFR = 0x100;                        //其中,时钟周期为 8MHz

        AD_SEL = 6;                         // 通道选择 A0,A1

        nADC0 = ( int * )0x3000;

        asm("     rsbx INTM");              // 开中断进行转换

        nIn = 0; nOut = 0;
        f2PI = 2 * PI;
        fSignal1 = 0.0;
        fSignal2 = PI * 0.1;
        fStepSignal1 = 2 * PI/30;
        fStepSignal2 = 2 * PI * 1.4;
        while ( 1 )
        {
            if(flage == 1)
            {
                //flage = 0;
                fInput = InputWave();
                fIn[nIn] = fInput;
                nIn ++ ; nIn % = 256;
                fOutput = FIR();
                fOut[nOut] = fOutput;
                nOut ++ ;
                if ( nOut > = 256 )
                {
                    nOut = 0;               //在此加软件断点
                }
            }
        }
}

float InputWave()
{
    for ( i = FIRNUMBER - 1;i > 0;i -- )
        fXn[i] = fXn[i - 1];
    fXn[0] = mix[kkk];
    kkk ++ ;
    if ( kkk > = 0x200 )
    {
        kkk = 0;
```

```c
        flage = 0;
    }

    return(fXn[0]);
}

float FIR()

{
    float fSum;
    fSum = 0;
    for ( i = 0;i < FIRNUMBER;i ++ )
    {
        fSum + = (fXn[i] * fHn[i]);
    }
    return(fSum);
}
```

// 定时器中断服务程序,完成: 保存转换结果、启动下次转换
```c
void interrupt time(void)
{
if(flage == 0)
{
    AD_HOLD = 0;                        // 送转换信号
    for ( uWork = 0;uWork < 10;uWork ++ );
    AD_HOLD = 1;

    uWork0 = AD_DATA;                   // 从 FIFO 中读取转换结果
    uWork1 = AD_DATA;                   // 从 FIFO 中读取转换结果


    uWork = uWork0&0x0f000;
    if ( uWork == 0x8000 )
    {
        uWork0 << = 4;                  // 去掉高 4 位
        uWork0 >> = 4;                  // 取低 4 位有效值
         * (ptr + k0) = uWork0;         // 保存结果
        k0 ++ ;
        if ( k0 > = 0x200 )
        {
            k0 = 0;
        }
    }
    else if ( uWork == 0x9000 )
    {
        uWork0 << = 4;                  // 去掉高 4 位
        uWork0 >> = 4;                  // 取低 4 位有效值
         * (ptr + k1 + 0x200) = uWork0; // 保存结果
```

```
            k1 ++ ; k1 % = 0x200;
        }
    uWork = uWork1&0x0f000;
    if ( uWork == 0x8000 )
    {
        uWork1 << = 4;                   // 去掉高 4 位
        uWork1 >> = 4;                   // 取低 4 位有效值
        * (ptr + k0) = uWork1;           // 保存结果
        k0 ++ ;
        if ( k0 > = 0x200 )
        {
            k0 = 0;
        }
    }
    else if ( uWork == 0x9000 )
    {
        uWork1 << = 4;                   // 去掉高 4 位
        uWork1 >> = 4;                   // 取低 4 位有效值
        * (ptr + k1 + 0x200) = uWork1;   // 保存结果
        k1 ++ ;
        if ( k1 > = 0x200 )
        {
            k1 = 0;
        }
    }


    mix[kk] = ( * (ptr + kk) + * (ptr + kk + 0x200))/2;
    kk ++ ;
        if ( kk > = 0x200 )
        {
            kk = 0;
            flage = 1;
        }


    }
    }
```

由于 TMS320VC5416 DSP 扩展的 A/D 转换精度是 12 位的,转换结果(16 位)的最高位(第 16 位)表示转换值是否有效(0 有效),第 13~15 位表示转换的通道号,低 12 位为转换数值,所以在保留时应注意取出结果的低 12 位,再根据高 4 位进行相应保存。

中断向量文件 VECTORS.asm:

```
        .sect ". vectors"
        .ref _c_int00                    ;C entry point
        .ref _time
        .align  0x80                     ; must be aligned on page boundary
RESET:                                   ; reset vector
```

```
            BD  _c_int00                  ; branch to C entry point
            STM  #200,SP                  ; stack size of 200
nmi:    RETE                             ; enable interrupts and return from one
                NOP
                NOP
                NOP
                                         ; software interrupts
sint17 . space 4 * 16
sint18 . space 4 * 16
sint19 . space 4 * 16
sint20 . space 4 * 16
sint21 . space 4 * 16
sint22 . space 4 * 16
sint23 . space 4 * 16
sint24 . space 4 * 16
sint25 . space 4 * 16
sint26 . space 4 * 16
sint27 . space 4 * 16
sint28 . space 4 * 16
sint29 . space 4 * 16
sint30 . space 4 * 16


int0:   RETE
                NOP
                NOP
                NOP
int1:   RETE
                NOP
                NOP
                NOP
int2:   RETE
                NOP
                NOP
                NOP
tint:   B       _time
                NOP
                NOP
rint0:  RETE
                NOP
                NOP
                NOP
xint0:  RETE
                NOP
                NOP
                NOP
rint1:  RETE
                NOP
                NOP
```

```
                    NOP
    xint1:  RETE
                    NOP
                    NOP
                    NOP
    int3:   RETE
                    NOP
                    NOP
                    NOP
            . end
```

链接命令文件 Fir. cmd：

```
- w
- stack 400h
- heap 100
- l rts. lib
MEMORY
{
    PAGE 0:
        VECT : o = 80h, l = 80h
        PRAM : o = 100h, l = 1f00h
    PAGE 1:
        DRAM : o = 2000h, l = 1000h
        RAM2 : o = 4000h, l = 200h
}
SECTIONS
{
    . text    : { }> PRAM PAGE 0
    . data    : { }> PRAM PAGE 0
    . cinit   : { }> PRAM PAGE 0
    . switch  : { }> PRAM PAGE 0
    . const   : { }> DRAM PAGE 1
    . bss     : { }> DRAM PAGE 1
    . stack   : { }> DRAM PAGE 1
    . vectors : { }> VECT PAGE 0
    . image   : { }> RAM2 PAGE 1
}
```

8.3　IIR 在 ICETEK-VC5416 A-S60 上的设计实例

该实例设计一个低通巴特沃斯滤波器,要求在其通带边缘 $1kHz$ 处的增益为 $-3dB$,$12kHz$ 处的阻带衰减为 $30dB$,采样频率 $25kHz$。根据无限冲激响应数字滤波器的基础理论,得到其差分方程为 $y[n] = 0.7757y[n-1] + 0.1122x[n] + 0.1122x[n-1]$,阶数为一阶。

程序流程如图 8.6 所示。

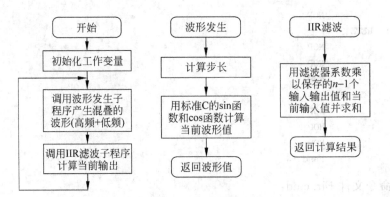

图 8.6　IIR 滤波程序流程图

　　该工程主要包含两个文件，一个是 iir.c 主文件，一个是链接命令文件 iir.cmd 文件，其源代码如下。

　　iir.c 主文件：

```
#include  <math.h>

#define IIRNUMBER 2
#define SIGNAL1F 1000
#define SIGNAL2F 4500
#define SAMPLEF   10000
#define PI 3.1415926

float InputWave();
float IIR();

float fBn[IIRNUMBER] = { 0.0,0.7757 };
float fAn[IIRNUMBER] = { 0.1122,0.1122 };
float fXn[IIRNUMBER] = { 0.0 };
float fYn[IIRNUMBER] = { 0.0 };
float fInput,fOutput;
float fSignal1,fSignal2;
float fStepSignal1,fStepSignal2;
float f2PI;
int i;
float fIn[256],fOut[256];
int nIn,nOut;

main()
{
    nIn = 0; nOut = 0;
    fInput = fOutput = 0;
    f2PI = 2 * PI;
    fSignal1 = 0.0;
    fSignal2 = PI * 0.1;
//  fStepSignal1 = 2 * PI/30;
```

```
//      fStepSignal2 = 2 * PI * 1.4;
        fStepSignal1 = 2 * PI/50;
        fStepSignal2 = 2 * PI/2.5;
        while ( 1 )
        {
            fInput = InputWave();
            fIn[nIn] = fInput;
            nIn ++ ; nIn % = 256;
            fOutput = IIR();
            fOut[nOut] = fOutput;
            nOut ++ ;                          // 在此处设置断点
            if ( nOut > = 256 )
            {
                nOut = 0;
            }
        }
}

float InputWave()
{
    for ( i = IIRNUMBER - 1;i > 0;i -- )
    {
        fXn[i] = fXn[i - 1];
        fYn[i] = fYn[i - 1];
    }
    fXn[0] = sin((double)fSignal1) + cos((double)fSignal2)/6.0;
    fYn[0] = 0.0;
    fSignal1 + = fStepSignal1;
    if ( fSignal1 > = f2PI )     fSignal1 - = f2PI;
    fSignal2 + = fStepSignal2;
    if ( fSignal2 > = f2PI )     fSignal2 - = f2PI;
    return(fXn[0]);
}

float IIR()
{
    float fSum;
    fSum = 0.0;
    for ( i = 0;i < IIRNUMBER;i ++ )
    {
        fSum + = (fXn[i] * fAn[i]);
        fSum + = (fYn[i] * fBn[i]);
    }
    return(fSum);
}
```

链接命令文件 iir. cmd:

```
- w
- stack 400h
- heap 100
```

```
- l rts.lib
MEMORY
{
    PAGE 0:
        VECT : o = 80h, l = 80h
        PRAM : o = 100h, l = 1f00h
    PAGE 1:
        DRAM : o = 2000h, l = 1000h
}
SECTIONS
{
    .text     : {}> PRAM PAGE 0
    .data     : {}> PRAM PAGE 0
    .cinit    : {}> PRAM PAGE 0
    .switch   : {}> PRAM PAGE 0
    .const    : {}> DRAM PAGE 1
    .bss      : {}> DRAM PAGE 1
    .stack    : {}> DRAM PAGE 1
    .vectors  : {}> VECT PAGE 0
}
```

将程序装载进去后,选择 Debug 菜单的 Animate 项,或按 F12 键运行程序。时域波形和滤波效果如图 8.7 所示。

由图 8.7 可见,输入波形为一个低频率的正弦波与一个高频的余弦波叠加而成。

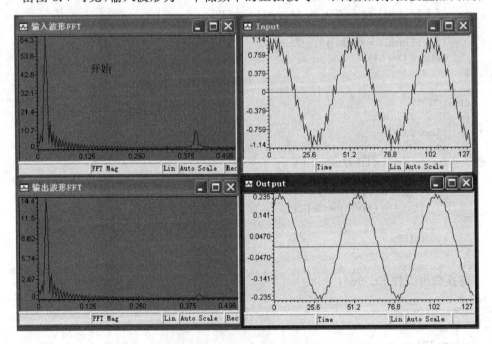

图 8.7　实验结果对比图

8.4 交通灯在 ICETEK-VC5416 A-S60 上的设计实例

该实例完成一个利用灯光信号模拟实际生活中十字路口交通灯控制的程序。
设计要求如下。

（1）交通灯分红黄绿三色，东、南、西、北各一组，用灯光信号实现对交通的控制：绿灯信号表示通行，黄灯表示警告，红灯禁止通行，灯光闪烁表示信号即将改变。

（2）正常交通控制信号顺序：正常交通灯信号自动变换。

① 南北方向绿灯，东西红灯（20s）。

② 南北方向绿灯闪烁。

③ 南北方向黄灯。

④ 南北方向红灯，东西方向黄灯。

⑤ 东西方向绿灯（20s）。

⑥ 东西方向绿灯闪烁。

⑦ 东西方向黄灯。

⑧ 返回①循环控制。

（3）紧急情况处理：模仿紧急情况（重要车队通过、急救车通过等）发生时，交通警察手动控制。

① 正常变换到四面红灯（20s）。

② 直接返回正常信号顺序的下一个通行信号（跳过闪烁绿灯、黄灯状态）。

8.4.1 系统构成

系统主要由显示/控制模块、定时器模块和键盘模块组成，其中显示/控制模块用来实现交通灯模拟，它是 ICETEK-CTR 上的一组发光二极管（共 12 只，分为东西南北 4 组、红黄绿三色），通过亮灭来实现交通信号的模拟。定时器模块使用 TMS320VC5416 DSP 片上定时器，定时产生时钟计数，再利用此计数对应具体时间。键盘模块利用 ICETEK-CTR 上的键盘产生外中断，中断正常信号顺序，模拟突发情况。

显示/控制模块上的发光二极管是由连接在 TMS320VC5416 DSP 扩展地址接口上的寄存器 EWR 和 SNR 控制的。这两个寄存器均为 6 位寄存器，它的位定义参见表 8.1 和表 8.2。

表 8.1 寄存器 EWR

7	6	5	4	3	2	1	0
0	0	东-红	东-黄	东-绿	西-红	西-黄	西-绿

表 8.2　寄存器 SNR

7	6	5	4	3	2	1	0
0	1	南-红	南-黄	南-绿	北-红	北-黄	北-绿

　　两个寄存器的地址均映射到 TMS320VC5416 DSP 的 I/O 扩展空间,辅助控制寄存器 CTRLR 地址为 0x8007,TMS320VC5416 DSP 通过对该地址的写操作来修改两个寄存器上各位的状态,当寄存器某位取'1'值时,相应指示灯被点亮,取'0'值则熄灭。当写入 CTRLR 的数据(8 位有效值)的高两位为'00'时,数据的低 6 位将写入 EWR 寄存器;当高两位的值为'01'时,写入 SNR 寄存器。

　　例如:需要点亮东、西方向的红灯和南、北方向的绿灯,其他灯均熄灭时,可以用下面的 C 语句完成。对于高速 DSP,可能需要在两个语句之间加入延时语句。

```
CTRLR = 0x024;CTRLR = 0x49;
```

8.4.2　系统软硬件设计

　　根据设计要求,由于控制是由不同的各种状态按顺序发生的,可以采用状态机制控制方法来解决此问题。这种方法是:首先列举所有可能发生的状态;然后将这些状态编号,并按顺序产生这些状态;状态延续的时间可由程序控制。对于突发情况,可采用在正常顺序的控制中插入特殊控制序列的方式来完成。时钟计数采用 250ms 执行一次中断进行累加计数。

　　采用状态机制控制方法状态描述如表 8.3 所示。

表 8.3　状态描述表

状态 编号	信号灯状态	状态定义	保持时间(计数值, 起始时间,结束时间)/s	计数 显示
1	南北绿灯,东西红灯	statusNSGreenEWRed	20(160,0,159)	20-0
2	南北绿灯闪烁,东西红灯	statusNSFlashEWRed	6(24,160,183)	0
3	南北黄灯,东西红灯	statusNSYellowEWRed	4(16,184,199)	20
4	南北红灯,东西黄灯	statusNSRedEWYellow	4(16,200,215)	20
5	南北红灯,东西绿灯	statusNSRedEWGreen	20(160,216,375)	20-1
6	南北红灯,东西绿灯闪烁	statusNSRedEWFlash	6(24,376,399)	0
7	南北红灯,东西黄灯	statusNSRedEWYellow	4(16,400,415)	20
8	南北黄灯,东西红灯	statusNSYellowEWRed	4(16,416,431)	20
*	南北红灯,东西红灯	StatusHold	20(160,0,159)	20-1

　　相关程序流程分别如图 8.8～图 8.10 所示。

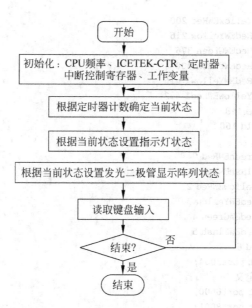

图 8.8　整体流程图

图 8.9　定时器中断流程图　　　　　　　　图 8.10　键盘中断流程图

该工程主要包含三个文件：light.c 主文件，链接命令文件的 light.CMD 文件以及 VECTORS.asm 文件。其源代码如下。

light.c 主文件：

```c
# include "scancode.h"

# define SPSA0 * (unsigned int * )0x38
# define SPSD0 * (unsigned int * )0x39
# define REGISTERCLKMD ( * (unsigned int * )0x58)
# define    TIM        * (int * )0x24
# define    PRD        * (int * )0x25
# define    TCR        * (int * )0x26
# define    IMR        * (int * )0x0
# define    IFR        * (int * )0x1
# define    PMST       * (int * )0x1d

# define nStatusNSGreenEWRed 160
# define nStatusNSFlashEWRed 184
```

```
#define nStatusNSYellowEWRed 200
#define nStatusNSRedEWYellow 216
#define nStatusNSRedEWGreen 376
#define nStatusNSRedEWFlash 400
#define nStatusNSRedEWYellow1 416
#define nStatusNSYellowEWRed1 432
#define nTotalTime 448
#define nStatusHold 160

#define statusNSGreenEWRed 0
#define statusNSFlashEWRed 1
#define statusNSYellowEWRed 2
#define statusNSRedEWYellow 3
#define statusNSRedEWGreen 4
#define statusNSRedEWFlash 5
#define statusHold 6
ioport unsigned int port3004;
// CTR 扩展寄存器定义
ioport unsigned int port8000;
ioport unsigned int port8001;
ioport unsigned int port8002;
ioport unsigned int port8003;
ioport unsigned int port8004;
ioport unsigned int port8005;
ioport unsigned int port8007;
#define CTRGR        port8000
#define CTRLCDCMDR   port8001
#define CTRKEY       port8001
#define CTRCLKEY     port8002
#define CTRLCDCR     port8002
#define CTRLCDLCR    port8003
#define CTRLCDRCR    port8004
#define CTRLA        port8005
#define CTRLR        port8007

void InitDSP();
void InitTimer();
void InitICETEKCTR();
void interrupt time(void);
void interrupt xint2(void);          // XINT2 中断服务程序
void SetLEDArray(int nNumber);       // 修改显示内容
void RefreshLEDArray();              // 刷新显示
void EndICETEKCTR();

unsigned int uWork,nTimeCount;
unsigned int uLightStatusEW,uLightStatusSN;
unsigned int bHold;
unsigned char ledbuf[8],ledx[8];
unsigned char led[40] =
{
    0x7E,0x81,0x81,0x7E,0x00,0x02,0xFF,0x00,
```

```
        0xE2,0x91,0x91,0x8E,0x42,0x89,0x89,0x76,
        0x38,0x24,0x22,0xFF,0x4F,0x89,0x89,0x71,
        0x7E,0x89,0x89,0x72,0x01,0xF1,0x09,0x07,
        0x76,0x89,0x89,0x76,0x4E,0x91,0x91,0x7E
};
main()
{
        int nWork1,nWork2,nWork3,nWork4;
        int nNowStatus,nOldStatus,nOldTimeCount,nSaveTimeCount,nSaveStatus;
        unsigned int nScanCode;

        nTimeCount = 0; bHold = 0;
        uLightStatusEW = uLightStatusSN = 0;
        nNowStatus = 0; nOldStatus = 1; nOldTimeCount = 0;
        InitDSP();                                      // 初始化 DSP,设置运行速度
        InitICETEKCTR();                                // 初始化显示/控制模块
        InitTimer();                                    // 设置定时器中断
        // 根据计时器计数切换状态
        // 根据状态设置计数和交通灯状态
        while ( 1 )
        {
                if ( bHold && nNowStatus == statusHold )
                {
                        if ( nTimeCount >= nStatusHold )
                        {
                                nNowStatus = nSaveStatus;
                                nTimeCount = nSaveTimeCount;
                                bHold = 0;
                        }
                }
                else if ( nTimeCount < nStatusNSGreenEWRed )
        nNowStatus = statusNSGreenEWRed;
                else if ( nTimeCount < nStatusNSFlashEWRed )
        nNowStatus = statusNSFlashEWRed;
                else if ( nTimeCount < nStatusNSYellowEWRed )
        nNowStatus = statusNSYellowEWRed;
                else if ( nTimeCount < nStatusNSRedEWYellow )
        nNowStatus = statusNSRedEWYellow;
                else if ( nTimeCount < nStatusNSRedEWGreen )
        nNowStatus = statusNSRedEWGreen;
                else if ( nTimeCount < nStatusNSRedEWFlash )
        nNowStatus = statusNSRedEWFlash;
                else if ( nTimeCount < nStatusNSRedEWYellow1 )
        nNowStatus = statusNSRedEWYellow;
                else if ( nTimeCount < nStatusNSYellowEWRed1 )
        nNowStatus = statusNSYellowEWRed;
                if ( nNowStatus == nOldStatus )
                {
```

```
                switch ( nNowStatus )
                {
                    case statusNSFlashEWRed:
                        nWork1 = nTimeCount − nStatusNSGreenEWRed;
                        nWork2 = nStatusNSYellowEWRed − nStatusNSFlashEWRed;
                        nWork3 = nWork2/3;
                        nWork4 = nWork3/2;
                        if ( nWork1 >= 0 && nWork2 > 0 && nWork3 > 0 && nWork4 > 0 )
        uLightStatusSN = ( (nWork1 % nWork3)<= nWork4 )?(0x49):(0x40);
                        break;
                    case statusNSRedEWFlash:
                        nWork1 = nTimeCount − nStatusNSRedEWGreen;
                        nWork2 = nStatusNSRedEWYellow1 − nStatusNSRedEWFlash;
                        nWork3 = nWork2/3;
                        nWork4 = nWork3/2;
                        if ( nWork1 >= 0 && nWork2 > 0 && nWork3 > 0 && nWork4 > 0 )
        uLightStatusEW = ( (nWork1 % nWork3)<= nWork4 )?(0x09):(0x00);
                        break;
                    case statusNSGreenEWRed:
                        nWork1 = nStatusNSGreenEWRed/20;
                        if ( nWork1 > 0 )
                        {
                            nWork2 = 20 − nTimeCount/nWork1;
                            if ( bHold )
                            {
                                if ( nWork2 > 10 )
                                {
                                    nTimeCount = nWork1 * 10;
                                    nWork2 = 10;
                                }
                            }
                            if ( nOldTimeCount! = nWork2 )
                            {
                                nOldTimeCount = nWork2;
                                SetLEDArray(nWork2);
                            }
                        }
                        break;
                    case statusNSRedEWGreen:
                        nWork1 = (nStatusNSRedEWGreen − nStatusNSRedEWYellow)/20;
                        if ( nWork1 > 0 )
                        {
                            nWork2 = 20 − (nTimeCount − nStatusNSRedEWYellow)/nWork1;
                            if ( bHold )
                            {
                                if ( nWork2 > 10 )
                                {
                                    nTimeCount = nStatusNSRedEWYellow + nWork1 * 10;
```

```
                        nWork2 = 10;
                    }
                }
                if ( nOldTimeCount! = nWork2 )
                {
                    nOldTimeCount = nWork2;
                    SetLEDArray(nWork2);
                }
            }
            break;
        case statusHold:
            nWork1 = nStatusHold/20;
            if ( nWork1 > 0 )
            {
                nWork2 = 20 - nTimeCount/nWork1;
                if ( nOldTimeCount! = nWork2 )
                {
                    nOldTimeCount = nWork2;
                    SetLEDArray(nWork2);
                }
            }
            break;
    }
}
else
{
    if ( bHold )
    {
        nSaveStatus = nNowStatus;
        nSaveTimeCount = nTimeCount;
        nNowStatus = statusHold;
        nTimeCount = 0;
        if ( nSaveStatus == statusNSFlashEWRed ||
nSaveStatus == statusNSYellowEWRed )
        {
            nSaveStatus = statusNSRedEWGreen;
            nSaveTimeCount = nStatusNSRedEWYellow;
        }
        else if ( nSaveStatus == statusNSRedEWFlash ||
nSaveStatus == statusNSRedEWYellow )
        {
            nSaveStatus = statusNSGreenEWRed;
            nSaveTimeCount = 0;
        }
    }
    nOldStatus = nNowStatus;
    switch ( nNowStatus )
    {
```

```
                    case statusNSGreenEWRed:
                        uLightStatusEW = 0x24; uLightStatusSN = 0x49;
                        SetLEDArray(20);
                        break;
                    case statusNSFlashEWRed:
                        uLightStatusEW = 0x24; uLightStatusSN = 0x49;
                        SetLEDArray(0);
                        break;
                    case statusNSYellowEWRed:
                        uLightStatusEW = 0x24; uLightStatusSN = 0x52;
                        SetLEDArray(20);
                        break;
                    case statusNSRedEWYellow:
                        uLightStatusEW = 0x12; uLightStatusSN = 0x64;
                        SetLEDArray(20);
                        break;
                    case statusNSRedEWGreen:
                        uLightStatusEW = 0x09; uLightStatusSN = 0x64;
                        SetLEDArray(20);
                        break;
                    case statusNSRedEWFlash:
                        uLightStatusEW = 0x09; uLightStatusSN = 0x64;
                        SetLEDArray(0);
                        break;
                    case statusHold:
                        uLightStatusEW = 0x24; uLightStatusSN = 0x64;
                        SetLEDArray(20);
                        break;
                }
            }
            CTRLR = uLightStatusEW; CTRLR = uLightStatusSN;     // 设置交通灯状态
            RefreshLEDArray();                                 // 刷新发光二极管显示
            nScanCode = port8001;                              // 读键盘扫描码
            nScanCode& = 0x0ff;
            if ( nScanCode == SCANCODE_Enter )     break;
        }
        EndICETEKCTR();
        exit(0);
}

// 定时器中断服务程序,进行时钟计数
void interrupt time(void)
{
    nTimeCount ++ ;
    nTimeCount % = nTotalTime;
}


// 设置发光二极管显示内容
```

```
void SetLEDArray( int nNumber)
{
    int i,k,kk,kkk;

    kkk = nNumber;
    k = kkk/10 * 4; kk = kkk % 10 * 4;
    for ( i = 0;i < 4;i ++ )
    {
        ledbuf[7 - i] = ~led[k + i];
        ledbuf[3 - i] = ~led[kk + i];
    }
}
```

```
// 将缓存中点阵送发光二极管显示
void RefreshLEDArray( )
{
    int i;
    for ( i = 0;i < 8;i ++ )
    {
        CTRGR = ledx[ i];
        CTRLA = ledbuf[ i];
    }
}
```

```
// 初始化 DSP,设置运行速度 = 8MHz
void InitDSP( )
{
    REGISTERCLKMD = 0;                  // 速度设置 = 8MHz
}
```

```
// 设置定时器参数、允许中断
void InitTimer( )
{
    unsigned int k;

    asm("    ssbx    INTM");            // 关中断,进行关键设置时不许打扰
    // 设置通用定时器
    k = PMST;                           // 设置 PMST 寄存器
    PMST = k&0xff;                      // 中断向量表起始地址 = 80H
    IMR = 0x0c;                         // 使能 TINT
    TCR = 0x41f;                        // 预分频系数为 16
    TIM = 0;                            // 时钟计数器清零
    PRD = 0x0f423;                      // 周期寄存器为 0ffH
    TCR = 0x42f;                        // 复位、启动
    IFR = 0x0c;                         // 清中断标志位

    port3004 = 0;                       // 使能 XINT2
    asm("    rsbx    INTM");            // 开中断
```

```
    }

// 初始化 ICETEK - CTR 板上设备
void InitICETEKCTR( )
{
    int k;

    CTRGR = 0;                              // 初始化 ICETEK - CTR
    CTRGR = 0x80;
    CTRGR = 0;
    CTRLR = 0;                              // 关闭东西方向的交通灯
    CTRLR = 0x40;                           // 关闭南北方向的交通灯
    CTRLR = 0x0c1;                          // 开启发光二极管显示阵列
    for ( k = 0;k < 8;k ++ )
    {
        ledbuf[k] = 0x0ff;                  // 显示为空白
        ledx[k] = (k << 4);                 // 生成显示列控制字
    }
    k = CTRCLKEY;                           // 清除键盘缓冲区
}

void interrupt xint2(void)                  // XINT2 中断服务程序
{
    bHold = 1;
}

void EndICETEKCTR( )
{
    int k;
    CTRLR = 0;                              // 关闭东西方向的交通灯
    CTRLR = 0x40;                           // 关闭南北方向的交通灯
    CTRLR = 0x0c0;                          // 关闭发光二极管显示阵列
    k = CTRCLKEY;                           // 清除键盘缓冲区
}
```

中断向量文件 VECTORS.asm:

```
        .sect ".vectors"
        .ref _c_int00          ;C entry point
        .ref _xint2
          .ref _time
        .align  0x80              ; must be aligned on page boundary
RESET:                           ; reset vector
        BD _c_int00                              ; branch to C entry point
        STM ♯200,SP                             ; stack size of 200
nmi:    RETE                     ; enable interrupts and return from one
        NOP
        NOP
        NOP
```

```
                        ; software interrupts
    sint17 . space 4 * 16
    sint18 . space 4 * 16
    sint19 . space 4 * 16
    sint20 . space 4 * 16
    sint21 . space 4 * 16
    sint22 . space 4 * 16
    sint23 . space 4 * 16
    sint24 . space 4 * 16
    sint25 . space 4 * 16
    sint26 . space 4 * 16
    sint27 . space 4 * 16
    sint28 . space 4 * 16
    sint29 . space 4 * 16
    sint30 . space 4 * 16

    int0:   RETE
                    NOP
                    NOP
                    NOP
    int1:   RETE
                    NOP
                    NOP
                    NOP
    int2:   B       _xint2
                    NOP
                    NOP
    tint:   B       _time
                    NOP
                    NOP
    rint0:  RETE
                    NOP
                    NOP
                    NOP
    xint0:  RETE
                    NOP
                    NOP
                    NOP
    rint1:  RETE
                    NOP
                    NOP
                    NOP
    xint1:  RETE
                    NOP
                    NOP
                    NOP
    int3:   RETE
                    NOP
```

```
                    NOP
                    NOP
                    . end
```

链接命令文件 light. CMD：

```
- w
- stack 400h
- heap 100
- l rts.lib
MEMORY
{
    PAGE 0:
        VECT : o = 80h, l = 80h
        PRAM : o = 100h, l = 1f00h
    PAGE 1:
        DRAM : o = 2000h, l = 1000h
}
SECTIONS
{
    . text    : {}> PRAM PAGE 0
    . data    : {}> PRAM PAGE 0
    . cinit   : {}> PRAM PAGE 0
    . switch  : {}> PRAM PAGE 0
    . const   : {}> DRAM PAGE 1
    . bss     : {}> DRAM PAGE 1
    . stack   : {}> DRAM PAGE 1
    . vectors : {}> VECT PAGE 0
}
```

由于该实验箱电路已有现成的制作，所以最后这部分主要将讲述一下通用电路硬件设计时所要遵循的一些基本原则。

1) 布局

首先，应该考虑 PCB 尺寸的大小。若 PCB 尺寸过大，则印刷版的走线过长，会导致干扰严重，成本增加；若 PCB 尺寸过小，则散热性不好，且临近走线容易受到干扰。在确定 PCB 尺寸之后，再确定特殊元件的位置，然后根据电路的功能单元，对电路的全部元器件进行布局。

在确定特殊元件的位置时应该遵守以下原则。

- 尽可能缩短高频元器件之间的连线，设法减少它们的分布参数和相互间的电磁干扰；易受干扰的元器件不能相互靠得太近，输入输出元件之间应尽量远离；应留出印刷版定位孔及固定支架所占用的位置。
- 根据电路的功能单元，对元器件进行布局时，应当注意，需要按照电路的流程安排各个功能电路的单元位置，这样的布局便于信号间的流通，并使信号尽可能保持一致的方向；以每个功能电路的核心元件为中心，围绕它来布局；元器件应大小均匀、整齐、紧凑地排列在 PCB 上；尽量减少和缩短各元器件之间的引线和连接;一般电路应尽可能使元器件平行排列,这样不但美观,而且容易焊接;位于电路板边缘的元器件,离电路板边缘一般不小于 2mm;电路板面尺寸大于 200mm×150mm 时,应考虑电路板所受的机械强度。

2)布线

布线时应遵守以下原则。

- 印制板导线的最小宽度主要由导线与绝缘基板间的黏附强度和流过它们的电流值决定。对于数字电路,通常选 0.2~0.3mm 导线宽度。尽可能选用宽线,尤其是电源线和地线。导线间最小间距主要由最坏情况下的线间绝缘电阻和击穿电压决定。对于集成电路,尤其是数字电路,只要工艺允许,可使间距小至 7~10mm。

- 印制导线拐弯处一般取 45°角或圆弧形,因为直角在高频电路中会影响电气性能。此外,还应尽量避免使用大面积的铜箔,否则,长时间受热会发生铜箔膨胀和脱落现象。如若必须使用大面积的铜箔,最好用栅格状敷铜,这样利于排除铜箔与基板间因黏合剂受热而产生的挥发性气体。

3)PCB 及电路抗干扰措施

- 电源线设计。根据印刷线路板电流的大小,尽量加粗电源线宽度,减小环路电阻,还应使电源线、地线的走向和数据传递的方向一致,这样也有助于增强抗噪声能力。

- DSP 的片外程序存储器和数据存储器接入电源前,应加滤波电容并使其尽量靠近芯片电源引脚,以滤除电源噪声。另外,在 DSP 与片外程序存储器和数据存储器等关键部分周围建议进行屏蔽,可减少外界干扰。

4)地端设计

设计时应遵守以下原则。

- 数字地与模拟地分开。若电路板上有数字电路和模拟电路,应尽量将它们分开,并将数字地与模拟地直接连接。若电路板上有多组地线,应尽量采用掌形敷铜。

- 接地线应尽量加粗。若接地线用很细的线,则接地电位会随电流的变化而变化,使抗噪性能降低。

5)去耦电容配置

设计时应遵守以下原则。

- PCB 设计的常规做法之一是在印刷板的各个关键部位配置适当的去耦电容。

- 电源输入端跨接 10~100μF 的电解电容,最好是 100μF 以上。

- 原则上每个集成电路芯片电源引脚和地之间都应布置一个 0.01μF 的瓷片电容,如果印刷板的空隙不够,可每 4~8 个芯片布置一个 1~10μF 的电容。

8.4.3　系统调试

系统调试包括两部分,硬件调试和软件调试,而硬件调试和软件调试是紧密联系的,许多硬件错误是在软件调试中被发现和纠正的。但通常是先排除样机中明显的硬件故障,尤其是电源故障,才能安全地和仿真器相连,从而进行综合调试。可见硬件调试是基础,如果硬件调试不通过,软件设计则无从做起。

1. 硬件调试

下面对硬件调试的一些基本原则做一个阐述。

(1) 认真检查印制电路板。当印制电路板加工好后,应对印制板与原理图逐一进行认真检查,看两者是否一致。首先应目测过孔是否导通,其次检查电源模块是否短接,以防止电源短路和出现极性错误;最后重点检查系统总线(地址总线、数据总线和控制总线)是否存在相互之间短路或与其他信号线路短路。上述检查都可以借助数字万用表来帮助测试,从而缩短排错时间。

(2) 最小焊接。焊接时候首先焊 DSP 的最小系统,调试通过后再进行延伸,及增加其他器件。一般先焊表贴器件,低的先焊,高的后焊。在焊接 DSP 最小系统时,要首先焊接电源模块,用万用表测量各个器件引脚上的电位,仔细测量各点电位是否正常,当和所需要的电源电压数值一致后,可以再焊接时钟电路和复位电路,利用示波器测量两者输出是否与所需的指标一致,如果一致,再焊接上其他器件。通常条件下,当各个器件所需电源电压没有问题的话,基本上在焊接器件后,至少可保证器件不会被烧坏。

(3) 必须要有测试程序。当器件焊接无误后,电源、时钟、复位、处理器电路能正常工作,然后就可以对扩展的 RAM 和 Flash 等器件进行测试,此时必须要有测试程序,根据测试结果来判断是否是器件管脚虚焊、短路等问题,如以上都无误,则基本就可认为硬件能够正常工作,可转入软件系统测试任务。

2. 软件调试

软件调试所使用的方法有计算程序的调试方法、I/O 处理程序的调试法、综合调试法等。

1) 计算程序的调试方法

计算程序的错误是一种静态的固定的错误,因此主要用单步或断点运行方式来调试。根据计算程序的功能,事先准备好一组测试数据。调试时,用仿真器的写命令,将数据写入计算程序的参数缓冲单元,然后从计算程序开始运行到结束,将运行的结果和正确数据进行比较,如果对所有的测试数据进行测试,都没有发生错误,则该计算程序调试成功;如果发现结果不正确,则改用单步运行方式,即可检查出错误所在。计算程序的修改视错误性质而定。若是算法错误,那是根本性错误,应重新设计该程序;若是局部的指令错误,进行局部修改即可。

2) I/O 处理程序的调试

对于 A/D 转换一类的 I/O 实时处理程序,一般用全速断点运行方式或连续运行方式进行调试。

3) 综合调试

在完成了各个模块程序(或各个任务程序)的调试工作以后,便可进行系统的综合调试了。综合调试一般采用全速断点运行方式,这个阶段的主要工作是排除系统中遗留的错误以提高系统的动态性能和精度。在综合调试的最后阶段,应在目标系统要求的频率上工作,使系统全速运行目标程序,实现预定功能技术指标后,便可将软件固化,然后再运行固化的目标程序,运行成功后目标系统便可脱机运行。一般情况下,这样的一个应用系统就算研制成功了。

3. 焊接技巧

如果不小心将 DSP 芯片烧坏,就需要立即将芯片从板上拿下来。要取下 DSP 芯片可以先用细铜丝穿过 DSP 的一排引脚,将铜丝一端固定,同时一边用电烙铁烫 DSP 的引脚一边用铜丝切割 DSP 的引脚。这样做的好处是可以将 DSP 芯片完好地取下,同时也保护了焊盘。

焊接 DSP、SRAM 一类的多引脚贴片封装的芯片时,需先将芯片与焊盘对齐,用电烙铁点芯片的 4 个管脚将芯片固定在电路板上,然后用电烙铁将焊锡均匀地涂抹在芯片一侧的管脚上,用吸锡器将管脚旁边的锡吸掉。

8.5　小结

本章给出了几个不同类型的经典实例以帮助开发者能够尽快熟悉和掌握 TMS320C54x DSP 系统的开发方法,并给出了在硬件设计和系统调试时所需要注意的一些问题,由于篇幅所限,这些问题都是最基本最容易忽视的,通过这些经验教训,能够帮助开发者在短期内很快上手,提高在 TMS320C54x DSP 领域的工程实践能力。

习题 8

(1) DSP 中的定时器都有哪些应用,试举例说明?

(2) TMS320C54x DSP 中有哪些高效指令来实现数字滤波器? 试给出一个用汇编语言编写的 FIR 低通滤波的例子。

附录 A

A.1　TMS320C54x 引脚信号说明

TMS320C5416 的引脚图如附图 A.1 所示。

附图 A.1　TMS320C5416 的引脚图

其引脚说明如附表 A.1 所示。

附表 A.1　TMS320C5416 的引脚说明

引　　脚		功　能　说　明
地址、数据总线信号		
A0～A22	(I/O/Z)[①]	23 位地址总线
D0～D15	(I/O/Z)	16 位数据总线
初始化、中断和复位操作		
$\overline{\text{IACK}}$	(O/Z)	中断确认信号,说明芯片接收到了一个中断,程序计数器将定位于由 A0～A15 所指定的中断向量单元,当 OFF 为低时,该信号为高阻态
$\overline{\text{INT0}}$,$\overline{\text{INT1}}$ $\overline{\text{INT2}}$,$\overline{\text{INT3}}$	(I)	外部可屏蔽中断请求信号
$\overline{\text{NMI}}$	(I)	外部不可屏蔽中断请求信号
$\overline{\text{RS}}$	(I)	复位信号
MP/$\overline{\text{MC}}$	(I)	微处理器/微计算机方式选择引脚
多处理信号		
$\overline{\text{BIO}}$	(I)	控制分支转移的输入信号
XF	(O/Z)	外部标志输出端(软件可控信号),可用于指示 DSP 状态和与其他 CPU 握手
存储器控制信号		
$\overline{\text{DS}}$,$\overline{\text{PS}}$,$\overline{\text{IS}}$	(O/Z)	数据、程序和 I/O 空间选择信号
$\overline{\text{MSTRB}}$,$\overline{\text{IOSTRB}}$	(O/Z)	外部存储器、I/O 空间选通信号
READY	(I)	数据准备好信号
R/$\overline{\text{W}}$	(O/Z)	读写信号
$\overline{\text{HOLD}}$		保持输入信号,被外部器件用来申请占用地址/数据/控制总线权
$\overline{\text{HOLDA}}$	(O/Z)	保持响应信号,表明处理器已让出所有总线控制权。当 $\overline{\text{OFF}}$ 引脚为低时,$\overline{\text{HOLDA}}$ 变为高阻状态
$\overline{\text{MSC}}$	(O/Z)	微状态完成信号,它表明所有的软件等待状态已完成。当最后一个片内软件等待状态执行时,该信号变为低
$\overline{\text{IAQ}}$	(O/Z)	指令获取信号,当有一条指令在地址总线上寻址时,该信号有效。当 OFF 为低时,IAQ 呈高组态
定时信号		
CLKOUT	(O/Z)	根据 BSCR 的配置输出 CPU 的时钟信号
CLKMD1 CLKMD2 CLKMD3	(I)	3 个外部/内部时钟工作方式输入信号,可以预置 DSP 的时钟比
X2/CLKIN	(I)	晶振到内部振荡器的输入引脚
X1	(O)	内部振荡器到外部晶振的输出引脚
TOUT	(O/Z)	定时器输出信号

引 脚		功 能 说 明
多通道缓冲信号端口 0,1,2		
BCLKR0		
BCLKR1	(I/O/Z)	接收时钟输入
BCLKR2		
BDR0,BDR1,BDR2	(I)	串口数据接收
BFSR0,BFSR1,BFSR2	(I/O/Z)	输入接收帧同步脉冲
BCLKX0		
BCLKX1	(I/O/Z)	发送时钟
BCLKX3		
BDX0,BDX1,BDX2	(O/Z)	串口数据发送
BFSX0,BFSX1,BFSX2	(I/O/Z)	发送输入/输出帧同步脉冲
主机接口信号		
HD0－HD7	(I/O/Z)	HPI 双向并行数据总线
HCNTL0,HCNTL1	(I)	HPI 控制信号
HBIL	(I)	HPI 字节确认输入
$\overline{HCS}$	(I)	HPI 片选信号
$\overline{HDS1}$		HPI 数据选通信号
$\overline{HDS2}$	(I)	
$\overline{HAS}$	(I)	HPI 地址选通信号
HR/$\overline{W}$	(I)	HPI 读/写信号
HRDY	(O/Z)	HPI 准备好信号
$\overline{HINT}$	(O/Z)	HPI 中断输出信号
HPIENA	(I)	HPI 模块选择信号
HPI16	(I)	HPI16 模式选择。和 DVDD 管脚连接可以使能该模式
电源管脚		
CV$_{SS}$	(S)	内核电压地
CV$_{DD}$	(S)	内核电压电源
DV$_{SS}$	(S)	I/O 管脚的电源地
DV$_{DD}$	(S)	I/O 管脚的电源
IEEE 1149.1 测试管脚		
TCK	(I)	测试时钟
TDI	(I)	测试数据输入端
TDO	(O/Z)	测试数据输出端
TMS	(I)	测试方式选择端
$\overline{TRST}$	(I)	测试复位信号
EMU0	(I/O/Z)	仿真器中断 0 引脚
EMU1/$\overline{OFF}$	(I/O/Z)	仿真器中断 1 引脚/关断所有输出端

其中,I 代表输入,O 代表输出,Z 代表高阻,S 代表电源。

A.2　TMS320C54x DSP 的中断向量和中断优先权

附表 A.2 为 TMS320C54x DSP 的中断向量和中断优先权。

附表 A.2　TMS320C54x DSP 的中断向量和中断优先权

NAME	TRAP/INTR NUMBER(K)	LOCATION DECIMAL	HEX	PRIORITY	FUNCTION
$\overline{\text{RS}}$,SINTR	0	0	00	1	Reset（hardware and stoftware reset)
NMI,SINT16	1	4	04	2	Nonmaskable interrupt
SINT 17	2	8	08	—	Software interrupt#17
SINT 18	3	12	0C	—	Software interrupt#18
SINT 19	4	16	10	—	Software interrupt#19
SINT 20	5	20	14	—	Software interrupt#20
SINT 21	6	24	18	—	Software interrupt#21
SINT 22	7	28	1C	—	Software interrupt#22
SINT 23	8	32	20	—	Software interrupt#23
SINT 24	9	36	24	—	Software interrupt#24
SINT 25	10	40	28	—	Software interrupt#25
SINT 26	11	44	2C	—	Software interrupt#26
SINT 27	12	48	30	—	Software interrupt#27
SINT 28	13	52	34	—	Software interrupt#28
SINT 29	14	56	38	—	Software interrupt#29
SINT 30	15	60	3C	—	Software interrupt#30
$\overline{\text{INT0}}$,SINT0	16	64	40	3	External user interrupt#0
$\overline{\text{INT1}}$,SINT1	17	68	44	4	External user interrupt#1
$\overline{\text{INT2}}$,SINT2	18	72	48	5	External user interrupt#2
TINT,SINT3	19	76	4C	6	Timer interrupt
RINT0,SINT4	20	80	50	7	McBSP#0 receive interrupt (default)
XINT0,SINT5	21	84	54	8	McBSP#0 transmit interrupt (default)
RINT2,SINT6	22	88	58	9	McBSP#2 receive interrupt (default)
XINT2,SINT7	23	92	5C	10	McBSP#2 transmit interrupt (default)
$\overline{\text{INT3}}$,SINT8	24	96	60	11	External user interrupt#3
HINT,SINT9	25	100	64	12	HPI interrupt
RINT1,SINT10	26	104	68	13	McBSP#1 receive interrupt (default)

续表

NAME	TRAP/INTR NUMBER(K)	LOCATION DECIMAL	HEX	PRIORITY	FUNCTION
XINT1,SINT11	27	108	6C	14	McBSP #1 transmit interrupt (default)
DMAC4,SINT12	28	112	70	15	DMA channel 4 (default)
DMAC5,SINT13	29	116	74	16	DMA channel 5 (default)
Reserved	30-31	120-127	78-7F	—	Reserved

A.3 TMS320C54x DSP 片内存储器映像外围电路寄存器

附表 A.3 为 TMS320C54x DSP 片内存储器映像外围电路寄存器。

附表 A.3 TMS320C54x DSP 片内存储器映像外围电路寄存器

地 址	名 称	说 明
0H	IMR	中断屏蔽寄存器
1H	IFR	中断标志寄存器
2-5H	—	保留
6H	ST0	状态寄存器 0
7H	ST1	状态寄存器 1
8H	AL	累加器 A 低位字,0～15 位
9H	AH	累加器 B 高位字,16～31 位
AH	AG	累加器 A 保护位,32～39 位
BH	BL	累加器 B 低位字,0～15 位
CH	BH	累加器 B 高位字,16～31 位
DH	BG	累加器 B 保护位,32～39 位
EH	T	暂存器
FH	TRN	转换寄存器
10H	AR0	辅助寄存器 0
11H	AR1	辅助寄存器 1
12H	AR2	辅助寄存器 2
13H	AR3	辅助寄存器 3
14H	AR4	辅助寄存器 4
15H	AR5	辅助寄存器 5
16H	AR6	辅助寄存器 6
17H	AR7	辅助寄存器 7
18H	SP	堆栈指针
19H	BK	循环缓冲大小寄存器

续表

地　　址	名　　称	说　　明
1AH	BRC	块重复计数器
1BH	RSA	块重复首址寄存器
1CH	REA	块重复尾址寄存器
1DH	PMST	处理器模式状态寄存器
1EH	XPC	程序计数器扩展寄存器

参 考 文 献

[1] 张雄伟,陈亮,徐光辉. DSP 芯片的原理与开发应用(第 3 版). 北京:电子工业出版社,2005.

[2] TMS320C54x DSP Reference Set, Volume 1: CPU and Peripherals. Texas Instruments Incorporated,2001.

[3] TMS320C54x DSP Reference Set, Volume 2: Mnemonic Instruction Set. Texas Instruments Incorporated,2001.

[4] TMS320C54x DSP Reference Set, Volume 4: Application Guide. Texas Instruments Incorporated,2001.

[5] TMS320C54x Code Composer Studio Tutorial. Texas Instruments Incorporated,2001.

[6] Real-Time Data Exchange . Texas Instruments Incorporated,2001.

[7] TMS320 DSP Designer's Notebook: Volume 1: Texas Instruments Incorporated,2001.

[8] TMS320C54x User's Guide. Texas Instruments Incorporated,1999.

[9] The TMS320C54x DSP HPI and PC Parallel Port Interface. Texas Instruments Incorporated, 1997,Literature Number spra454.

[10] Interrupt Handling Using Extended Addressing of the TMS320C54x Family. Texas Instruments Incorporated,1997,Literature Number spra492A.

[11] 刘伟,刘洋,焦淑红. 基于 MATLAB7.0 软件的实时数据交换的实现. 国外电子元器件,1991, 3: 12-15.

[12] 郭伟,潘仲日,王跃科. MATLAB 和 VC 混合编程的 DSP 数据采集系统. 微计算机信息,2009, 25(9): 8-10.

[13] 贝特曼等著. DSP 算法、应用与设计. 北京:机械工业出版社,2003.

[14] 乔瑞萍,崔涛,张芳娟. TMS320C54x DSP 原理及应用. 西安:西安电子科技大学出版社,2005.